职业教育任务驱动系列教材

数控机床结构与维修

（项目化教程）

第二版

王海勇　主　编

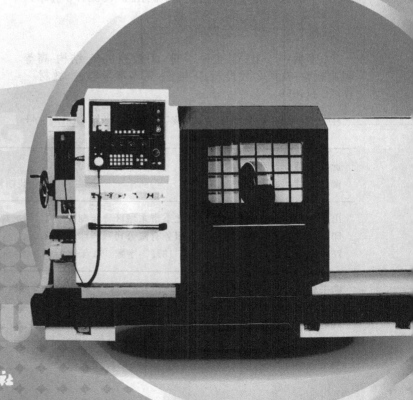

化学工业出版社
·北京·

本书是根据教育部数控技能型紧缺人才的培养、培训方案的指导思想和最新的数控专业教学计划编写的，主要内容包括数控机床的基本工作原理，数控机床典型的机械结构、数控系统、电气系统，数控机床的安装、精度检验及使用与维护等。

本书作者所在学校的数控技术专业是教育部高等职业教育示范性院校的国家级示范专业，他们在编写过程中，完全贯彻新的国家标准，并且采用"基于工作过程的项目教学法"，集"教、学、做"于一体，运用情景教学法，使学生在学习过程中身临其境，培养学生的动手及解决数控机床故障的能力。本书注重解决数控机床故障排除和维护的实际问题，本着"应用为主，理论够用"的原则，着力于激发学生的学习兴趣，力争做到图文并茂、通俗易懂、易教易学。

本书可作为高等职业院校数控技术、机电一体化技术等专业的教学用书，也可作为中、高级数控机床职业技能培训和职业技能鉴定的辅导教材。

图书在版编目（CIP）数据

数控机床结构与维修：项目化教程/王海勇主编.
2版. —北京：化学工业出版社，2018.6（2024.8重印）
高职高专"十三五"规划教材
ISBN 978-7-122-32078-0

Ⅰ.①数… Ⅱ.①王… Ⅲ.①数控机床-结构-高等职业教育-教材②数控机床-维修-高等职业教育-教材
Ⅳ.①TG659

中国版本图书馆 CIP 数据核字（2018）第 086746 号

责任编辑：王听讲
责任校对：边　涛　　　　　　　　　　　　装帧设计：张　辉

出版发行：化学工业出版社（北京市东城区青年湖南街 13 号　邮政编码 100011）
印　　装：北京科印技术咨询服务有限公司数码印刷分部
787mm×1092mm　1/16　印张 13¾　字数 364 千字　2024 年 8 月北京第 2 版第 4 次印刷

购书咨询：010-64518888　　　　　　　　售后服务：010-64518899
网　　址：http://www.cip.com.cn
凡购买本书，如有缺损质量问题，本社销售中心负责调换。

定　　价：39.00 元
版权所有　违者必究

前　言

党的二十大报告明确提出："深入实施人才强国战略""加快建设国家战略人才力量，努力培养造就更多大师、战略科学家、一流科技领军人才和创新团队、青年科技人才、卓越工程师、大国工匠、高技能人才"。本书深刻把握二十大精神和理念，以学生的全面发展为培养目标，融"知识学习、技能提升、素质培育"于一体，严格落实立德树人根本任务，努力培养高素质技术技能型人才。

21 世纪以来，我国高等职业教育发展的方向越来越清晰，"以服务为宗旨，以就业为导向，走产学结合的发展道路"的特色也越来越明显。发展职业教育离不开一流的教学设备，更离不开一流的教学队伍，编者在长期职业教育的过程中，深切领会到一本优质教材对教学实践的重要性。数控机床是现代机械制造工业的重要技术装备，也是先进制造技术的基础技术装备。当今，随着微电子技术、计算机技术、自动控制技术的发展，几乎所有传统机床都进行了数字化改造，数控技术极大地推动了计算机辅助设计、计算机辅助制造、柔性制造系统、计算机集成制造系统、虚拟制造系统和敏捷制造的发展，数控机床正逐渐成为机械工业技术改造的首选设备，并为实现绿色加工打下了基础。随着数控技术的广泛应用，数控机床的保有量正在逐年上升，操作员需求量将增大。因此，为企业培养数控机床的操作、维修人员就成了当务之急。

编者所在学校的数控技术专业作为教育部高等职业教育示范院校的国家级示范专业，拥有一支高素质、高水平的专兼结合的双师素质教学团队。近年来按项目驱动教学法的各项要求，优化了课程结构，对教学方式和教材内容也进行了大胆的改革。

鉴于现在市场上有关数控技术的教材很多，但大多都从数控技术的基本原理、基础理论和方法上加以讲解，很少涉及实际生产中的故障诊断与维护。本书以"应用为主，理论够用"为原则，突出实践操作，精简理论知识，密切关注新技术、新工艺、新规范，适当引入航空航天、智能制造、军工领域的热点新闻，激发学生的学习兴趣，厚植爱国情感和中华民族自豪感。任务中通过案例、讨论、小组合作等方式，强化数控机床安装与调试中的知识点、技能点，适当引入大国工匠、时代楷模、劳动模范等典型人物事迹案例，培养学生热爱专业，怀揣"匠心"，练就本领。每个任务后通过【想一想】【做一做】引导学生领悟现代制造业的工匠精神和职业操守，使学生在学习知识和技能的基础上，全面、全程、全方位地提升职业素养。

本书以工学结合、项目化教学的要求进行编写，主要介绍了数控机床的基本工作原理，数控机床典型的机械结构、数控系统、电气系统，数控机床的安装、精度检验，数控机床故障诊断与维修等内容。本书配套的课程被评为全国机械行业教学指导委员会精品课程。我们将免费提供本书相关的教学计划、教案及 PPT 等教学资源，需要者可以到化工教育网站http://www.cipedu.com.cn 免费下载使用。

本书由淄博职业学院王海勇主编，王焯冉、胡雨琦参编，张燕老师对书稿进行了审读统稿，特此鸣谢！

限于编者水平，书中如有不妥之处，敬请读者指正。

编　者

目　录

任务一 数控机床的认知

一、能力目标

（一）知识要求

(1) 知道数控机床产生的背景。

(2) 知道数控技术发展的趋势。

(3) 知道数控机床的加工原理。

(4) 知道数控机床的组成及各部分的功用。

（二）技能要求

(1) 能现场认识各种数控机床及加工原理。

(2) 会讲解数控机床的组成及各部分的功用。

二、任务说明

能够知道工厂里常用的数控系统，知道数控机床的种类以及各类机床加工产品的特点。

（一）教学媒体

多媒体教学设备、网络、数控实训基地机床。

（二）教学说明

在该任务中，教师应该大量提供涵盖数控车、数控铣、数控磨、车铣复合、加工中心、电加工、三坐标测量、虚拟机床等尽可能多的数控设备视频，在观看这些视频的过程中，逐一解释相关的设备构成和加工工艺特点和适用条件，在此基础上，完成数控机床分类的介绍。

（三）学习说明

反复观看网站中提供的相关视频资料，并通过网络查找相关类型设备的资料，并查找到主流数控厂商和系统厂商的资料，阅读相关数控设备的技术参数和介绍。

三、相关知识

（一）数控机床的产生

1. 产生背景

随着社会生产和科学技术的迅猛发展，对机械产品的精度和机床的加工效率提出了越来越高的要求。特别是汽车、造船、航空、航天、军事等领域所需的机械零件和模具的精度要求高、形状复杂。采用传统的普通机床已难以适应高精度、高效率、多样化、形状复杂的加工要求。为解决上述这些问题，一种新型机床——数控机床应运而生。这种新型机床具有加工精度高、适应能力强、加工质量稳定和生产效率高等优点。它综合应用了计算机技术、自动控制技术、伺服驱动技术、液压气动技术、精密测量技术和新型机械结构等多方面技术的成果。

1947年，美国帕森斯公司在研制加工直升机叶片轮廓检验用样板的机床时，首先提出了应用计算机控制机床来加工样板曲线的设想。后来受美国空军的委托，帕森斯公司与麻省理工学院伺服机构研究所协作，1952年成功地研制出世界上第一台数控机床——三坐标数控镗铣床。当时所用的电子器件是电子管。

1958 年，美国一家公司研制出带刀架和自动换刀装置的加工中心。此时已开始采用晶体管元件和印制电路板。同年我国开始研制数控机床。

1965 年以后，数控装置开始采用小规模集成电路，使数控装置的体积减小、可靠性提高，但仍然是一种硬件逻辑数控系统（Numerical Control，NC）系统。

1966 年，日本的发那科（FANUC）公司研制出全集成电路化的数控装置。

1970 年，在美国芝加哥国际机床展览会上，首次展示了用小型电子计算机控制的数控机床，这是世界上第一台电子计算机控制的数控机床（Computer Numerical Control，CNC）。

1974 年以后，随着控制电路集成技术的发展，微处理器直接用于数控装置，从而使数控技术和数控机床得到了普及和发展。特别是近年来大规模集成电路、超大规模集成电路和计算机技术的发展，使数控装置的性能和可靠性得到极大的提高。

从工业化革命以来人们实现机械加工自动化的手段有自动机床、组合机床、专用自动生产线，这些设备的使用大大地提高了机械加工自动化的程度，提高了劳动生产率，促进了制造业的发展。但它也存在固有的缺点：初始投资大，准备周期长。

2. 数控技术产生和发展的内在动力

市场竞争日趋激烈，产品更新换代加快，大批量产品越来越少，小批量产品生产的比重越来越大，迫切需要一种精度高、柔性好的加工设备来满足上述需求。

3. 数控技术产生和发展的技术基础

电子技术和计算机技术的飞速发展为 NC 机床的进步提供了坚实的技术基础。数控技术正是在这种背景下诞生和发展起来的。它的产生给自动柔性化技术带来了新的概念，推动了加工自动化技术的发展。

4. 发展的历史

采用数字控制（Numerical Control，NC）技术进行机械加工的思想，最早是于 20 世纪 40 年代初提出来的。1952 年，美国麻省理工学院成功地研制出一台数控铣床，这是公认的世界上第一台数控机床，当时用的电子元件是电子管。

1958 年，开始采用晶体管元件和印刷线路板。美国出现带自动换刀装置的数控机床，称为加工中心（Machining Center，MC）。从 1960 年开始，其他一些工业国家，如德国、日本也陆续开发生产出了数控机床。

1965 年，数控装置开始采用小规模集成电路，使数控装置的体积减小、功耗降低及可靠性提高。但仍然是硬件逻辑数控系统。

1967 年，英国首先把几台数控机床连接成具有柔性的加工系统，这就是最初的柔性制造系统（Flexible Manufacture System，FMS）。

1970 年，美国芝加哥国际机床展览会首次展出用小型计算机控制的数控机床界上第一台计算机数字控制（Computer Numerical Control，CNC）的数控机床。

1974 年微处理器用于数控装置，促进了数控机床的普及应用和数控技术的发展。

在 20 世纪 80 年代后期，出现了以加工中心为主体，再配上工件自动检测与装卸装置的柔性制造单元（Flexible Manufacture Center，FMC）。FMC 和 FMS 技术是实现计算机集成制造系统（Computer Integrated Manufacture System，CIMS）的重要基础。

数控机床出现至今的 50 多年里，随科技、特别是微电子、计算机技术的进步而不断发展。其数控系统的发展表现为图 1-1 所示的几个阶段。

数控机床是典型的机电一体化产品，它所覆盖的领域如图 1-2 所示。

5. 各国数控机床发展历史

美国、德国、日本三国是当今世界上在数控机床科研、设计、制造和使用上，技术最先

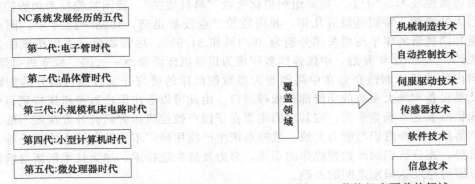

NC系统发展经历的五代		机械制造技术
第一代：电子管时代		自动控制技术
第二代：晶体管时代		伺服驱动技术
第三代：小规模机床电路时代	覆盖领域	传感器技术
第四代：小型计算机时代		软件技术
第五代：微处理器时代		信息技术

图1-1　数控系统的发展阶段　　　　图1-2　数控机床覆盖的领域

进、经验最多的国家。因其社会条件不同，各有特点。

（1）美国的数控发展史　美国政府重视机床工业，美国国防部等部门因其军事方面的需求而不断提出机床的发展方向、科研任务，并且提供充足的经费，且网罗世界人才，特别讲究"效率"和"创新"，注重基础科研。因而在机床技术上不断创新。如1952年研制出世界第一台数控铣床，1958年研制出加工中心，20世纪70年代初研制成柔性制造系统（FMS），1987年首创开放式数控系统等。

由于美国首先结合汽车、轴承生产需求，充分发展了大批量生产自动化所需的自动线，而且电子、计算机技术在世界上领先，因此其数控机床的主机设计、制造及数控系统基础扎实，且一贯重视科研和创新，故其高性能数控机床技术在世界也一直领先。

当今美国生产宇航等使用的高性能数控机床，其存在的教训是，偏重于基础科研，忽视应用技术，且在20世纪80年代政府一度放松了引导，致使数控机床产量增加缓慢，于1982年被后进的日本超过，并大量进口。从20世纪90年代起，纠正过去偏向，数控机床技术上转向实用，产量又逐渐上升。

（2）德国的数控发展史　德国政府一贯重视机床工业的重要战略地位，在多方面大力扶植。于1956年研制出第一台数控机床后，德国特别注重科学试验，理论与实际相结合，基础科研与应用技术科研并重。企业与大学科研部门紧密合作，对数控机床的共性和特性问题进行深入的研究，在质量上精益求精。

德国的数控机床质量及性能良好、先进实用、货真价实，出口遍及世界，尤其是大型、重型、精密数控机床。德国特别重视数控机床主机及配套件的先进实用，其机、电、液、气、光、刀具、测量、数控系统、各种功能部件，在质量、性能上居世界前列。如西门子公司的数控系统，均为世界闻名，竞相采用。

（3）日本的数控发展史　日本政府对机床工业的发展异常重视，通过规划、法规（如"机振法"、"机电法"、"机信法"等）引导发展。在重视人才及机床元部件配套上学习德国，在质量管理及数控机床技术上学习美国，结果在有些方面青出于蓝而胜于蓝。

自1958年研制出第一台数控机床后，1978年产量（7342台）超过美国（5688台），至今产量、出口量一直居世界首位（2001年产量46604台，出口27409台，占59%）。战略上先仿后创，先生产量大而广的中档数控机床，大量出口，占据世界广大市场。在20世纪80年代开始进一步加强科研，向高性能数控机床发展。日本FANUC公司战略正确，仿创结合，针对性地发展市场所需各种低中高档数控系统，在技术上领先，在产量上居世界第一。该公司现有职工3674人，科研人员超过600人，月产能力7000套，销售额在世界市场上占50%，在日本国内约占70%，对加速日本和世界数控机床的发展起了重大促进作用。

（4）我国数控技术发展史　我国数控技术的发展起步于20世纪50年代，通过"六五"

期间引进数控技术，"七五"期间组织消化吸收"科技攻关"，我国数控技术和数控产业取得了相当大的成绩。特别是最近几年，我国数控产业发展迅速，1998～2004年，国产数控机床产量和消费量的年平均增长率分别为39.3％和34.9％。尽管如此，进口机床的发展势头依然强劲，从2002年开始，中国连续多年成为世界机床消费第一大国、机床进口第一大国。

国内数控机床制造企业在中高档与大型数控机床的研究开发方面与国外的差距比较明显，此类设备和绝大多数的功能部件依赖进口。由此可以看出国产数控机床特别是中高档数控机床仍然缺乏市场竞争力，究其原因主要在于国产数控机床的研究开发深度不够、制造水平依然落后、服务意识与能力欠缺、数控系统生产应用推广不力及数控人才缺乏等。我们应看清形势，充分认识国产数控机床的不足，努力发展先进技术，加大技术创新与培训服务力度，以缩短与发达国家之间的差距。

（二）数控机床加工功能

数控机床是一种高效率、高精度，能保证加工质量，解决工艺难题，而且又具有一定柔性的生产设备。数控机床的广泛使用，将给机械制造业的生产方式、产品结构和产业结构带来深刻的变化，其技术水平高低和拥有量的多少，是衡量一个国家工业现代化水平的重要标志。

数控加工可以给我们带来多样的产品，可以从几类典型的数机床来看其加工的功能。

1. 数控车床的加工功能

数控车床比较适合于车削具有图1-3所示要求和特点的回转体零件。

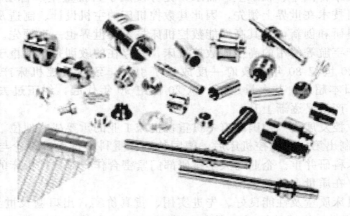

图1-3 数控车床加工零件

2. 数控铣床的加工功能

① 叶轮，如图1-4所示。

② 箱体，如图1-5所示。

图1-4 数控铣床加工叶轮

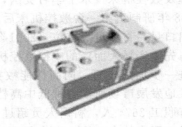

图1-5 数控铣床加工箱体

③ 异形件，如图 1-6 所示。

3. 数控加工中心的加工功能

① 端面铣削，如图 1-7 所示。

② 攻螺纹，如图 1-8 所示。

③ 镗孔，如图 1-9 所示。

④ 钻孔，如图 1-10 所示。

⑤ 内外螺纹加工，如图 1-11 所示。

⑥ 特殊程序加工，如图 1-12 所示。

⑦ 铣内孔槽，如图 1-13 所示。

图 1-6 数控铣床加工异形件

图 1-7 数控加工中心端面铣削

图 1-8 数控加工中心攻螺纹

图 1-9 数控加工中心镗孔

图 1-10 数控加工中心钻孔

图 1-11 数控加工中心
内外螺纹加工

图 1-12 数控加工中心
特殊程序加工

图 1-13 数控加工中心
铣内孔槽

⑧ 铣曲面，如图 1-14 所示。

⑨ 铣曲线，如图 1-15 所示。

图 1-14　数控加工中心铣曲面　　　　　图 1-15　数控加工中心铣曲线

（三）数控技术发展趋势

从 20 世纪中叶数控技术创立以来，数控技术给机械制造业带来了革命性的变化。现在数控技术已成为制造业实现自动化、柔性化、集成化生产的基础技术，现代的 CAD/CAM、FMS 和 CIMS、敏捷制造和智能制造等，都是建立在数控技术之上；数控技术是提高产品质量、提高劳动生产率必不可少的物质手段；数控技术是国家的战略技术；基于它的相关产业是体现国家综合国力水平的重要基础性产业。

专家们预言：21 世纪机械制造业的竞争，其实质就是数控技术的竞争。

数控技术的应用不但给传统制造业带来了革命性的变化，使制造业成为工业化的象征，而且随着数控技术的不断发展和应用领域的扩大，它对国计民生的一些重要行业（IT、汽车、轻工、医疗等）的发展起着越来越重要的作用，因为这些行业所需装备的数字化已是现代发展的大趋势。从目前世界上数控技术及其装备发展的趋势来看，其主要研究热点有以下几个方面。

1. 运行高速化、加工高精化

效率、质量是先进制造技术的主体。高速、高精加工技术可极大地提高效率，提高产品的质量和档次，缩短生产周期和提高市场竞争能力。为此日本尖端技术研究会将其列为 5 大现代制造技术之一，国际生产工程学会（CIRP）将其确定为 21 世纪的中心研究方向之一。

在轿车工业领域，年产 30 万辆的生产节拍是 40 秒/辆，而且多品种加工是轿车装备必须解决的重点问题之一；在航空和宇航工业领域，其加工的零部件多为薄壁和薄筋，刚度很差，材料为铝或铝合金，只有在高切削速度和切削力很小的情况下，才能对这些筋、壁进行加工。

近年来采用大型整体铝合金坯料"掏空"的方法来制造机翼、机身等大型零件来替代多个零件通过众多的铆钉、螺钉和其他连接方式拼装，使构件的强度、刚度和可靠性得到提高。这些都对加工装备提出了高速、高精和高柔性的要求。

运行高速化、加工高精化表现在以下几个方面。

（1）**进给速度高速化**　是指快速移动速度的高速化和切削进给速度的高速化。

由于近年来采用了 32 位微处理器、全数字智能伺服驱动方式以及先进的位置检测器（如高分辨率脉冲编码器），目前 CNC 装置所具有的最高进给速度为：$1\mu m$ 脉冲当量时，100m/min；$0.1\mu m$ 脉冲当量时，24m/min。

目前普遍采用的最高切削进给速度已达 5～6m/min，个别的达到 12m/min，也有与快速移动速度相同的，但是现在能实施高速进给切削的，仅限于直线切削。因为目前普遍使用的模拟伺服控制系统在高速动作下不可能实现良好的多坐标联动，其结果是加工形状精度差。为避免此种缺陷，已开始使用具有良好的高速联动性能的数字伺服控制系统。

（2）主轴转速高速化　采用电主轴（内装式主轴电动机），即主轴电动机的转子轴就是主轴部件。当前由于电主轴的出现，使得实现 5 轴联动加工的复合主轴头结构大为简化，其制造难度和成本大幅度降低，数控系统的价格差距缩小。因此促进了复合主轴头类型 5 轴联动机床和复合加工机床（含 5 面加工机床）的发展。图1-16 所示为电主轴的实物。

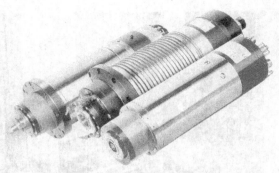

图 1-16　电主轴的实物

（3）换刀速度高速化　从加工中心诞生初期起，就追求换刀的高速化。但是由于当时尚未充分掌握自动换刀的内在规律，因而故障率较高。所以在后来的相当一段时间里，采取了首先保证动作可靠性、然后才考虑速度的方针，结果在这段时期，自动换刀速度未提高多少。但是，随着对自动换刀内在规律的深入了解和用户对自动换刀速度的要求迫切，又开始注意自动换刀速度了。作为高速换刀近年来采用凸轮联动式机械手，换刀速度可达 0.9s。图 1-17 所示为凸轮联动式换刀机械手的原理。

图 1-18 所示为带有刀库的加工中心外形。

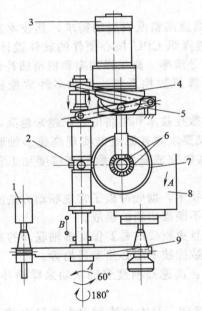

图 1-17　凸轮联动式换刀机械手的原理

1—刀库；2—十字轴；3—电动机；4—圆柱槽凸轮（手臂上下运动）；5—杠杆；6—锥齿轮；7—凸轮滚子（手臂平行旋转）；8—主轴箱；9—换刀手臂

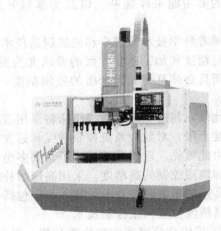

图 1-18　带有刀库的加工中心外形

（4）工作台（托盘）交换速度高速化　高速加工中心进给速度可达 80m/min，甚至更高，空运行速度可达 100m/min 左右。目前世界上许多汽车厂，包括我国的上海通用汽车公司，已经采用以高速加工中心组成的生产线部分替代组合机床。美国 CINCINNATI 公司的 HyperMach 机床进给速度最大达 60m/min，快速为 100m/min，加速度达 2g，主轴转速已

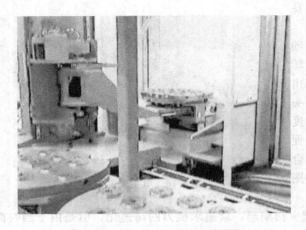

图 1-19　工作台（托盘）交换实物

达 60000r/min。加工一薄壁飞机零件，只用 30min，而同样的零件在一般高速铣床加工需 3h，在普通铣床加工需 8h；德国 DMG 公司的双主轴车床的主轴速度及加速度分别达 12000r/min 和 1g。图 1-19 为工作台（托盘）交换实物。

（5）加工高精化

① 提高 CNC 系统控制精度。数控装置加工中心的性能在很大程度上取决于数控系统的性能，所以不断开发数控系统，使其技术在以下方面有了很大的发展。开发出相对高精度、高速度、高效率要求的数控装置。原来的 16 位计算机数控系统已经发展为 32 位数控系统，以提高运算速度。脉冲当量除原来的外，还有 $0.1\mu m$ 和 $0.01\mu m$ 的。

a. 系统化。随着柔性制造单元的推广，要求把控制机器人、测量、上下料等功能纳入到 CNC 内。

b. 多机能、复合化。开发出适应五面加工、多主轴复合加工等复合机床控制要求的数控装置。

② 采用高速插补技术。针对数控技术和装备向高速高精度发展的需求，其技术发展核心是以高速处理器为硬件基础，通过高效算法和直接操纵 CPU 核心硬件的软件设计技术，充分发挥软硬件最佳结合的综合优势，从而实现以高分辨率、高采样频率和粗精插补合一为特征的多功能采样插补。以此为基础开发的新型计算机数控系统，已在多种数控机床上应用。

随着科学技术的进步和先进制造技术的发展，对数控技术和装备的要求越来越高，其中对控制精度和加工速度方面的要求尤为突出。这不仅要求数控系统能实现高速多轴联动控制，而且必须具有亚微米级的控制精度，这样才能高效完成复杂轮廓的高精度加工和在线检测。

此外，越来越多的数控机床将采用直线电机驱动技术，彻底冲破了常规驱动方法的速度和精度上限，对数控系统控制精度和速度方面的指标不断提出新的挑战。

由此可见，现代数控机床不仅要多坐标联动，而且更重要的是要保证多轴联动的高进给速度和轨迹控制的高精度。采用高速插补技术已成为数控技术的必然发展趋势。

高速高精度数控技术的核心内容包括以下两方面：高速高精度多轴联动采样插补技术；高速高精度位置伺服控制技术。

③ 采用高分辨率位置检测装置。提高位置检测精度，日本交流伺服电机已有装上 106 脉冲/转的内藏位置检测器，其位置检测精度能达到 0.01mm/脉冲，与此同时还采用了位置伺服系统前馈控制与非线性控制等方法以提高位置检测精度。

④ 采用误差补偿技术。采用反向间隙补偿、丝杆螺距误差补偿和刀具误差补偿等技术，设备的热变形误差补偿和空间误差的综合补偿技术。

在加工精度方面，近 10 年来，普通级数控机床的加工精度已由 $10\mu m$ 提高到 $5\mu m$，精密级加工中心则从 $3\sim5\mu m$，提高到 $1\sim1.5\mu m$，并且超精密加工精度已开始进入纳米级（$0.01\mu m$）。

在可靠性方面，国外数控装置的 MTBF（平均无故障时间）值已达 6000h 以上，伺服系统的 MTBF 值达到 30000h 以上，表现出非常高的可靠性。

为了实现高速、高精加工，与之配套的功能部件如电主轴、直线电机得到了快速的发展，应用领域进一步扩大。

2. 其他研究热点

（1）功能复合化　复合化是指在一台设备能实现多种工艺手段加工的方法。

① 镗、铣、钻复合：加工中心（ATC）、五面加工中心（ATC，主轴立卧转换）；

② 车、铣复合：车削中心（ATC，动力刀头）；

③ 铣、镗、钻、车复合：复合加工中心（ATC，可自动装卸车刀架）；

④ 铣、镗、钻、磨复合：复合加工中心（ATC，动力磨头）；

⑤ 可更换主轴箱的数控机床：组合加工中心。

图 1-20 所示为复合化加工中心实物。

（2）控制智能化　具体体现在以下几个方面。

① 加工过程自适应控制技术。通过监测加工过程中的切削力、主轴和进给电机的功率、电流、电压等信息，利用传统的或现代的算法进行识别，以辨识出刀具的受力、磨损以及破损状态，机床加工的稳定性状态；并根据这些状态实时修调加工参数（主轴转速，进给速度）和加工指令，使设备处于最佳运行状态，以提高加工精度、降低工件表面粗糙度以及设备运行的安全性。

Mitsubishi Electric 公司开发的用于数控电火花成形机床的 Miracle Fuzzy，是基于模糊逻辑的自适应控制器，可自动控制和优化加工参数。

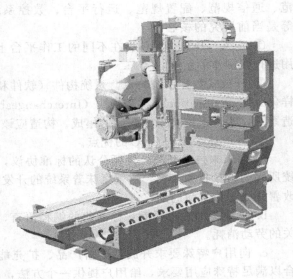

图 1-20　复合化加工中心实物

日本牧野在电火花 NC 系统 Makino-Mce20 中，用专家系统代替人工进行加工过程监控。

② 加工参数的智能优化与选择。将工艺专家或技工的经验、零件加工的一般与特殊规律，用现代智能方法构造基于专家系统或基于模型的"加工参数的智能优化与选择器"，利用它获得优化的加工参数，从而达到提高编程效率和加工工艺水平，缩短生产准备时间的目的。目前已开发出带自学习功能的神经网络电火花加工专家系统。

日本大隈公司的 7000 系列数控系统带有人工智能式自动编程功能。

国内清华大学在加工参数的智能优化与选择及 CAPP 方面的研究也取得了一些成果。但有待进行实用化开发。

③ 智能故障诊断与自修复技术。智能故障诊断技术指根据已有的故障信息，应用现代智能方法（AI、ES、AN 等），实现故障快速准确定位的技术。智能故障自修复技术指智能诊断确定故障原因和部位，以自动排除故障或指导故障的排除技术。

智能故障诊断技术在有些日本、美国公司生产的数控系统中已有应用，基本上都是应用专家系统实现的。智能化自修复技术还在研究之中。

④ 智能化交流伺服驱动装置。目前已开始研究能自动识别负载，并自动调整参数的智能化伺服系统，包括智能主轴交流驱动装置和智能化进给伺服装置。这种驱动装置能自动识别电机及负载的转动惯量，并自动对控制系统参数进行优化和调整，使驱动系统获得最佳

运行。

（3）智能4M数控系统　　在制造过程中，加工、检测一体化是实现快速制造、快速检测和快速响应的有效途径，将测量（Measurement）、建模（Modeling）、加工（Manufacturing）、机器操作（Manipulator）四者（即4M）融合在一个系统中，实现信息共享，促进测量、建模、加工、装夹、操作一体化的4M智能系统。

（4）体系开放化　　这是为了解决传统的数控系统封闭性和数控应用软件的产业化生产存在的问题。所谓开放式数控系统就是数控系统的开发可以在统一的运行平台上，面向机床厂家和最终用户，通过改变、增加或剪裁结构对象（数控功能），形成系列化，并可方便地将用户的特殊应用和技术诀窍集成到控制系统中，快速实现不同品种、不同档次的开放式数控系统，形成具有鲜明个性的名牌产品。目前开放式数控系统的体系结构规范、通信规范、配置规范、运行平台、数控系统功能库以及数控系统功能软件开发工具等是当前研究的核心。

① 定义（IEEE）。具有在不同的工作平台上均能实现系统功能、可以与其他的系统应用进行互操作的系统。

② 开放式数控系统特点。系统构件（软件和硬件）具有标准化（Standardization）与多样化（Diversification）和互换性（Interchangeability）的特征，允许通过对构件的增减来构造系统，实现系统"积木式"的集成。构造应该是可移植的和透明的。

③ 开放体系结构CNC的优点。

a. 向未来技术开放：遵循公认的标准协议，新一代的通用软硬件资源就可能被现有系统所采纳、吸收和兼容，这就意味着系统的开发费用将大大降低而系统性能与可靠性将不断改善并处于长生命周期。

b. 标准化的人机界面：标准化的编程语言，方便用户使用，降低了和操作效率直接有关的劳动消耗。

c. 向用户特殊要求开放：更新产品、扩充能力、提供可供选择的硬软件产品的各种组合以满足特殊应用要求，给用户提供一个方法，从低级控制器开始，逐步提高，直到达到所要求的性能为止。另外用户自身的技术诀窍能方便地融入，创造出自己的名牌产品。此外，还可减少产品品种，便于批量生产、提高可靠性和降低成本，增强市场供应能力和竞争能力。

④ 开放式数控装置的概念结构如图1-21所示。

⑤ 国内外开放式数控系统的研究进展。目前许多国家对开放式数控系统进行研究，如美国的NGC（The Next Generation Work-Station/Machine Control）、欧共体的OSACA（Open System Architecture for Control within Automatic Systems）、日本的OSEC（Open System Environment for Controller），以及中国的ONC（Open Numerical Control System）等，如华中I型——基于IPC的CNC开放体系结构和航天I型CNC系统——基于PC的多机CNC开放体系结构。数控系统开放化已经成为数控系统的未来之路。

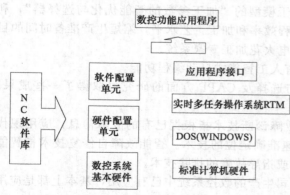

图1-21　开放式数控装置的概念结构

（5）驱动并联化

①　并联加工中心（又称 6 条腿数控机床、虚轴机床）是数控机床在结构上取得的重大突破。图 1-22 所示为并联机床的实物。

由此观察并联机床所具有的特点如下：

a. 并联结构机床是现代机器人与传统加工技术相结合的产物；

b. 它没有传统机床所必需的床身、立柱、导轨等制约机床性能提高的结构；

c. 具有现代机器人的模块化程度高、重量轻和速度快等优点。

②　图 1-23 所示为并联机床的另外一种结构外形。

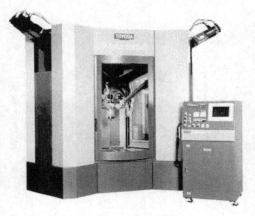

图 1-22　并联机床实物

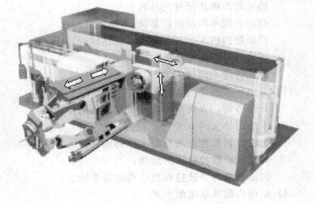

图 1-23　并联机床的另外一种结构外形

（6）交互网络化　支持网络通信协议，既满足单机需要，又能满足 FMC、FMS、CIMS 对基层设备集成要求的数控系统，该系统是形成"全球制造"的基础单元。其主要表现有以下几个方面。

①　网络资源共享。数控机床的远程（网络）监视、控制；数控机床的远程（网络）培训与能力（网络数控）；数控装备的数字化服务；数控机床故障的远程（网络）诊断、远程维护、电子商务等。

②　网络化。数控装备是近两年国际著名机床博览会的一个新亮点。数控装备的网络化将极大地满足生产线、制造系统、制造企业对信息集成的需求，也是实现新的制造模式如敏捷制造、虚拟企业、全球制造的基础单元。国内外一些著名数控机床和数控系统制造公司都在近两年推出了相关的新概念和样机，如在 EMO2001 展中，日本山崎马扎克（Mazak）公司展出的智能生产控制中心（Cyber Production Center，CPC）；日本大隈（Okuma）机床公司展出信息技术广场（IT Plaza，IT 广场）；德国西门子（Siemens）公司展出的开放制造环境（Open Manufacturing Environment，OME）等，反映了数控机床加工向网络化方向发展的趋势。

想一想

（1）加工的高精化体现在哪些方面？

（2）功能复合化的概念？举例？

（3）控制智能化体现在哪些方面？

（4）体系开放的概念是什么？有什么特点？

（5）并联机床的特点是什么？

（6）数控系统发展趋势主要有哪些？

做一做

1. 组织体系

每个班分为三个组，即车床组、铣床组、加工中心组，分别任命各组组长，负责对本组进行出勤、学习态度考核。

2. 实训地点

数控实训基地机床车间。

3. 实训步骤

(1) 实验基地及工厂参观

感受数控机床所处的环境；

初识各类不同的数控系统；

辨识数控机床上各类典型结构组成；

辨认各种不同类型的数控机床；

辨识各种不同机床的产品加工。

(2) 提出所需咨询内容

分组咨询，查询市场所用数控机床的常见类型。

(3) 采用引导文的方式

讨论分析数控机床典型工作环境；

讨论分析数控机床的结构；

讨论分析各类数控典型结构的功能特点。

(4) 采用头脑风暴法的方式

分析各类数控机床的结构及产品加工特点。

4. 实训总结

在教师的指导下总结数控车床、数控铣床、数控加工中心的特点及加工零件的特征。初步形成对数控机床的概念性认识。

任务二 了解数控机床的原理及组成

一、能力目标

（一）知识要求

（1）知道数控机床伺服控制系统的原理及分类的相关知识。

（2）知道几种常见数控机床的布局及各部分的组成、功用的相关知识。

（二）技能要求

（1）能现场掌握数控机床的分类及加工原理。

（2）会讲解数控机床的组成及各部分的功用。

（3）掌握数控机床的使用要求。

二、任务说明

能够了解工厂里常用数控机床的种类以及各类机床组成部件的设计、使用特点。

（一）教学媒体

多媒体教学设备、网络、数控实训基地机床。

（二）教学说明

在该任务中，教师应该带领学生参观实训基地的各类机床，加深学生对数控机床的工作过程的理解，逐一解释相关的设备构成和加工工艺特点和适用条件，在此基础上，了解数控机床各部分的功用及设计、使用要求的相关知识。

（三）学习说明

反复观看网站中提供的相关视频资料，并通过网络查找相关类型数控机床的组成及伺服控制原理的分类，进一步了解数控机床的加工原理，并查找到主流数控厂商和系统厂商的资料，阅读相关数控设备的技术参数和介绍。

三、相关知识

随着科学技术的飞速发展和经济竞争的日趋激烈，产品更新速度越来越快，复杂形状的零件越来越多，精度要求越来越高，多品种、变批量生产的比重明显增加。激烈的市场竞争使产品研制生产周期越来越短。传统的加工设备和制造方法已难以适应这种多样化、柔性化与复杂形状零件的高速高质量加工要求。

[拓展阅读之学本领]

近几十年来，世界各国十分重视发展能有效解决复杂、精密、小批多变零件的数控加工技术，在加工设备中大量采用以微电子技术和计算机技术为基础的数控技术。目前，数控技术正在发生根本性变革，它集成了微电子、计算机、信息处理、自动检测、自动控制等高新技术于一体，具有高精度、高效率、柔性自动化等特点，对制造业实现柔性自动化、集成化、智能化起着举足轻重的作用。

汽车、工程机械与家用电器等行业的产品零件，为了解决高产优质的问题，多采用专用的工艺装备、专用自动化机床或专用的自动生产线和自动化车间进行生产。但是应用这些专用生产设备，生产准备周期长，产品改型不易，因而使新产品的开发周期增长。在机械产品中，单件与小批量产品占到70%～80%，这类产品一般都采用通用机床加工，当产品改变时，机床与工艺装备均需作相应的变换和调整。

通用机床的自动化程度不高，基本上由人工操作，难于提高生产效率和保证产品质量，特别是一些由曲线、曲面轮廓组成的复杂零件，只能借助靠模和仿形机床，或者借助划线和样板用手工操作的方法来加工，加工精度和生产效率受到很大的限制。数控机床就是为了解决单件、小批量、特别是复杂型面零件加工的自动化并保证质量要求而产生的，它为单件、小批生产的精密复杂零件提供了自动化加工手段。

数控技术是制造业实现自动化、柔性化、集成化生产的基础，CAX 是计算机辅助设计（Computer Aided Design，CAD）、计算机辅助工程（Computer Aided Engineering，CAE）、计算机辅助制造（Computer Aided Manufacture，CAM）、计算机辅助工艺计划（Computer Aided Process Planning，CAPP）、产品数据管理（Product Data Management，PDM）的统称。

CAD 包括产品的结构设计、变形设计及模块化产品设计。可以实现计算机绘图、产品数字建模及真实图形显示、动态分析与仿真、生成材料清单。

CAE 是用计算机辅助求解复杂工程和产品结构强度、刚度、屈曲稳定性、动力响应、热传导、三维多体接触、弹塑性等力学性能的分析计算以及结构性能的优化设计等问题的一种近似数值分析方法。

CAM 指计算机在产品加工制造方面有关应用的总称。狭义 CAM 仅指数控程序的编制，可以进行刀具路径规划、刀位文件的生成、刀具轨迹仿真以及数控编程和数控后置处理等。

CAPP 指通过计算机进行工艺路线制定、工序设计、加工方法选择、工时定额计算，包括工装、夹具设计、刀具和切削用量选择等，且能生成必要的工艺卡和工艺文件。

PDM 指管理产品全生命周期中各种数据和过程，实现从概念设计直到产品报废全过程中相关的数据定义、组织和管理，保证数据的一致、最新、共享和安全。PDM 支持并行工程，并且作为集成平台实现 CAD/CAPP/CAM 的集成以及与 MRPII/ERP 系统的集成。

现代的 CAX、FMS、CIMS 技术等，都是建立在数控技术之上，离开了数控技术，先进制造技术就成了无本之木。同时，数控技术的利用关系到国家的战略地位，是体现国家综合国力水平的重要基础性产业，其水平高低是衡量一个国家制造业现代化程度的核心标志，实现加工机床及生产过程数控化，已经成为当今制造业的发展方向。

1. 数控机床的特点

(1) 加工对象改型的适应性强　利用数控机床加工改型零件，只需要重新编制程序就能实现对零件的加工。它不同于传统的机床，不需要制造、更换许多工具、夹具和量具，更不需要重新调整机床。因此，数控机床可以快速地从加工一种零件转变为加工另一种零件，这就为单件、小批量以及试制新产品提供了极大的便利。它不仅缩短了生产准备周期，而且节省了大量工艺装备费用。

(2) 加工精度高　数控机床是以数字形式给出指令进行加工的，由于目前数控装置的脉冲当量（即每输出一个脉冲后数控机床移动部件相应的移动量）一般达到了 0.001mm 也就是 $1\mu m$。而进给传动链的反向间隙与丝杠螺距误差等均可由数控装置进行补偿，因此，数控机床能达到比较高的加工精度和质量稳定性。这是由数控机床结构设计采用了必要的措施以及具有机电结合的特点决定的。

首先是在结构上引入了滚珠丝杠螺母机构、各种消除间隙结构等，使机械传动的误差尽可能小；其次是采用了软件精度补偿技术，使机械误差进一步减小；第三是用程序控制加工，减少了人为因素对加工精度的影响。这些措施不仅保证了较高的加工精度，同时还保持了较高的质量稳定性。

在采用点位控制系统的钻孔加工中，由于不需要使用钻模板与钻套，钻模板的坐标误差造成的影响也不复存在。又由于加工中排除切屑的条件得以改善，可以进行有效地冷却，被加工孔的精度及表面质量都有所提高。对于复杂零件的轮廓加工，在编制程序时已考虑到对进给速度的控制，可以做到在曲率变化时，刀具沿轮廓的切向进给速度基本不变，被加工表面就可获得较高的精度和表面质量。

（3）生产效率高　零件加工所需要的时间包括在线加工时间与辅助时间两部分。数控机床能够有效地减少这两部分时间，因而加工生产率比一般机床高得多。数控机床主轴转速和进给量的范围比普通机床的范围大，每一道工序都能选用最有利的切削用量，良好的结构刚性允许数控机床进行大切削用量的强力切削，有效地节省了在线加工时间。数控机床移动部件的快速移动和定位均采用了加速与减速措施，由于选用了很高的空行程运动速度，因而消耗在快进、快退和定位的时间要比一般机床少得多。

数控机床在更换被加工零件时几乎不需要重新调整机床，而零件又都安装在简单的定位夹紧装置中，可以节省用于停机进行零件安装调整的时间。

数控机床的加工精度比较稳定，一般只做首件检验或工序间关键尺寸的抽样检验，因而可以减少停机检验的时间。在使用带有刀库和自动换刀装置的数控加工中心时，在一台机床上实现了多道工序的连续加工，减少了半成品的周转时间，生产效率的提高就更为明显。

（4）自动化程度高　数控机床对零件的加工是按事先编好的程序自动完成的，操作者除了操作面板、装卸零件、关键工序的中间测量以及观察机床的运行之外，其他的机床动作直至加工完毕，都是自动连续完成、不需要进行繁重的重复性手工操作，劳动强度与紧张程度均可大为减轻，劳动条件也得到相应的改善。

（5）良好的经济效益　使用数控机床加工零件时，分摊在每个零件上的设备费用是较昂贵的。但在单件、小批生产情况下，可以节省工艺装备费用、辅助生产工时、生产管理费用及降低废品率等，因此能够获得良好的经济效益。

（6）有利于生产管理的现代化　用数控机床加工零件，能准确地计算零件的加工工时，并有效地简化了检验和工夹具、半成品的管理工作。这些特点都有利于使生产管理现代化。数控机床在应用中也有不利的一面，如提高了起始阶段的投资，对设备维护的要求较高，对操作人员的技术水平要求较高等。

2. 数控机床的工作原理

用数控机床加工零件时，首先应将加工零件的几何信息和工艺信息编制成加工程序，由输入装置送入数控系统中，经过数控系统的处理、运算，按各坐标轴的分量送到各轴的驱动电路，经过转换、放大进行伺服电动机的驱动，带动各轴运动，并进行反馈控制，使刀具与工件及其他辅助装置严格地按照加工程序规定的顺序、轨迹和参数有条不紊地工作，从而加工出零件的全部轮廓。图2-1所示为数控加工中数据转换的工作原理。

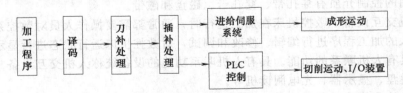

图2-1　数控加工中数据转换的工作原理

数控机床具有很好的柔性，当加工对象变换时，只需重新编制加工程序即可，原来的程序可存储备用，不必像组合机床那样需要针对新加工零件重新设计机床，致使生产准备时间过长。

3. 数控机床组成

数控机床一般由输入装置、数控系统、伺服系统、测量环节和机床本体（组成机床本体的各机械部件）组成。图 2-2 所示为数控机床组成示意。

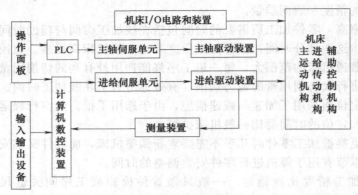

图 2-2　数控机床组成示意

1）输入、输出装置　操作面板是操作人员与数控装置进行信息交流的工具，组成部分有按钮站、状态灯、按键阵列、显示器。图 2-3 所示为西门子一款数控系统的操作面板。

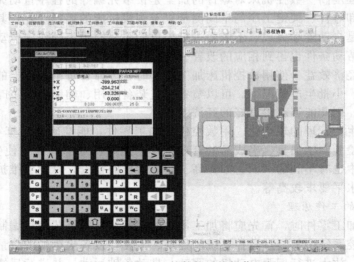

图 2-3　西门子一款数控系统操作面板

（1）控制介质　人与数控机床之间建立某种联系的中间媒介物就是控制介质，又称为信息载体。常用的控制介质有穿孔带、穿孔卡、磁盘和磁带。

（2）人机交互设备　数控机床在加工运行时，通常都需要操作人员对数控系统进行状态干预，对输入的加工程序进行编辑、修改和调试，对数控机床运行状态进行显示等，也就是数控机床要具有人机联系的功能。具有人机联系功能的设备统称人机交互设备。常用的人机交互设备有键盘、显示器、光电阅读机等。

现代的数控系统除采用输入、输出设备进行信息交换外，一般都具有用通信方式进行信息交换的能力。它们是实现 CAD/CAM 的集成、FMS 和 CIMS 的基本技术。

采用的方式有：

① 串行通信（RS-232 等串口）；

② 自动控制专用接口和规范（DNC 方式，MAP 协议等）；

③ 网络技术（Internet，LAN 等）；

④ DNC 是 Direct Numerical Control 或 Distributed Numerical Control 英文一词的缩写，意为直接数字控制或分布数字控制。

2）计算机数控（CNC）装置　数控装置是数控机床的中枢。CNC 装置（CNC 单元）由计算机系统、位置控制板、PLC 控制板、通信接口板、特殊功能模块以及相应的控制软件组成。图 2-4 所示为 CNC 数控装置结构原理。

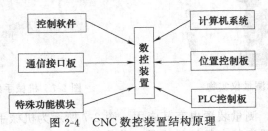

图 2-4　CNC 数控装置结构原理

CNC 装置（CNC 单元）的作用：根据输入的零件加工程序进行相应的处理（如运动轨迹处理、机床输入输出处理等），然后输出控制命令到相应的执行部件（伺服单元、驱动装置和 PLC 等），所有这些工作是由 CNC 装置内硬件和软件协调配合，合理组织，使整个系统有条不紊地进行工作的。CNC 装置是 CNC 系统的核心。

3）进给伺服驱动系统　进给伺服驱动系统由伺服控制电路、功率放大电路和伺服电动机组成。伺服驱动的作用，是把来自数控装置的位置控制移动指令转变成机床工作部件的运动，使工作台按规定轨迹移动或精确定位，加工出符合图样要求的工件，即把数控装置送来的微弱指令信号，放大成能驱动伺服电动机的大功率信号。

常用的伺服电动机有步进电动机、直流伺服电动机和交流伺服电动机。根据接收指令的不同，伺服驱动有脉冲式和模拟式，而模拟式伺服驱动方式按驱动电动机的电源种类，可分为直流伺服驱动和交流伺服驱动。步进电动机采用脉冲驱动方式，交、直流伺服电动机采用模拟式驱动方式。

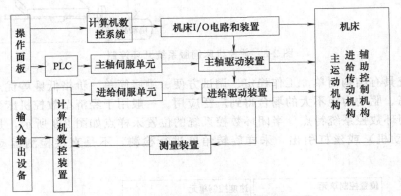

图 2-5　机床电气控制结构原理

4）机床电气控制　机床电气控制包括两个方面，如图 2-5 所示。PLC（可编程的逻辑控制器）用于完成与逻辑运算有关顺序动作的 I/O 控制；而机床 I/O 电路和装置则用来实现 I/O 控制的执行部件，是由继电器、电磁阀、行程开关、接触器等组成的逻辑电路。

5）测量装置　图 2-6 所示为三坐标测量仪实物，其作用是通过测量装置将零件的三坐标的实际尺寸、几何形状检测出来，转换成电信号，并反馈到 CNC 装置中，使 CNC 能形成零件的实际尺寸，自动生成程序软件，由数控机床自动加工出零件。

图 2-6　三坐标测量仪实物

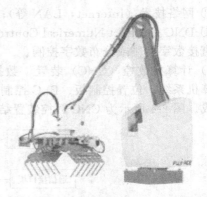

图 2-7　机械手的位置测量控制实物

在其他的控制领域，测量装置也有其应用，图 2-7 所示为机械手的位置测量控制实物。

数控机床的测量装置安装在数控机床的工作台或丝杠上，按有无检测装置，CNC 系统可分为开环和闭环系统，而按测量装置安装的位置不同可分为闭环与半闭环数控系统。开环控制系统无测量装置，其控制精度取决于步进电动机和丝杠的精度，闭环数控系统的精度取决于测量装置的精度。因此，检测装置是高性能数控机床的重要组成部分。

（1）开环数控系统特点　图 2-8 所示为数控机床伺服系统开环控制，它没有位置测量装置，信号流是单向的（数控装置至进给系统），故系统稳定性好。无位置反馈，精度相对闭环系统来讲不高，其精度主要取决于伺服驱动系统和机械传动机构的性能和精度。一般以功率步进电动机作为伺服驱动元件。

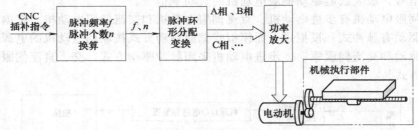

图 2-8　数控机床伺服系统开环控制

这类系统具有结构简单、工作稳定、调试方便、维修简单、价格低廉等优点，在精度和速度要求不高、驱动力矩不大的场合得到广泛应用。一般用于经济型数控机床。

（2）半闭环数控系统特点　半闭环数控系统的位置采样点如图 2-9 所示，是从驱动装置（常用伺服电动机）或丝杠引出，采样旋转角度进行检测，不是直接检测运动部件的实际位置。

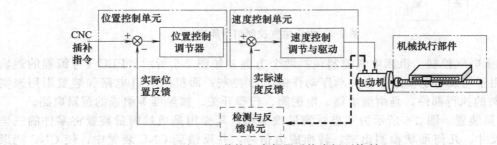

图 2-9　数控机床伺服系统半闭环控制

半闭环环路内不包括或只包括少量机械传动环节，因此可获得稳定的控制性能，其系统的稳定性虽不如开环系统，但比闭环要好。

由于丝杠的螺距误差和齿轮间隙引起的运动误差难以消除。因此，其精度较闭环差，较开环好。但可对这类误差进行补偿，因而仍可获得满意的精度。

半闭环数控系统结构简单、调试方便、精度也较高，因而在现代 CNC 机床中得到了广泛应用。

（3）闭环数控系统特点　全闭环数控系统的位置采样点如图 2-10 粗虚线所示，直接对运动部件的实际位置进行检测。

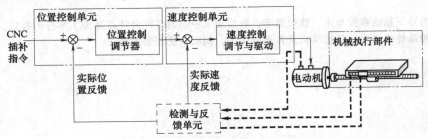

图 2-10　数控机床伺服系统全闭环控制图

从理论上讲，可以消除整个驱动和传动环节的误差、间隙和失动量。具有很高的位置控制精度。

由于位置环内许多机械传动环节的摩擦特性、刚性和间隙都是非线性的，故很容易造成系统的不稳定，使闭环系统的设计、安装和调试都相当困难。

该系统主要用于精度要求很高的镗铣床、超精车床、超精磨床以及较大型的数控机床等。

想一想

（1）何谓点位控制、直线控制、轮廓控制？三者有什么区别？

（2）用框图表示数控机床的体系结构。

（3）数控机床各部分基本功能？

（4）数控机床开环、闭环、半闭环系统的特点？

（5）数控机床的结构有什么特点？

（6）简述数控机床电气控制系统的结构及其工作原理。

做一做

1. 组织体系

每个班分为三个组：车床组、铣床组、加工中心组，分别任命各组组长，负责对本组进行出勤、学习态度考核。

2. 实训地点

数控实训基地机床车间。

3. 实训步骤

（1）实验基地及工厂参观

掌握各类不同数控机床控制系统的组成；

掌握数控机床上各类典型结构组成及使用要求；

掌握各种不同类型数控机床的伺服控制原理及对加工精度的影响；

认识各种不同机床的产品加工，并了解产品的加工工艺。

（2）提出所需咨询内容

分组咨询，查询市场所用数控机床伺服系统的常见类型。

（3）采用引导文的方式

讨论分析数控机床典型伺服控制原理；

讨论分析数控机床的各部分组成结构特点；

讨论分析各类数控典型结构的功能特点。

（4）采用头脑风暴法的方式

分析各类数控机床的伺服控制原理及对产品加工精度的影响。

4. 实训总结

在教师的指导下总结数控车床、数控铣床、数控加工中心的各部分特点及加工零件的特征。掌握不同数控机床数控系统的组成、机械结构及各部分功用、伺服系统控制原理。

任务三　数控系统参数备份与恢复

一、能力目标

（一）知识要求

(1) 掌握工厂常见的数控系统的基础知识。

(2) 详细了解西门子 810、840，日本 FANUC-0i 系统，国内华中数控系统。

（二）技能要求

(1) 懂数控系统的结构及组成。

(2) 懂常见数控系统的软、硬件构成。

(3) 会各种数控系统的一些常见操作，诸如参数调整、数据备份、螺距误差补偿等能力。

二、任务说明

（一）教学媒体

多媒体教学设备、实训基地数控机床、计算机。

（二）教学说明

针对 SIEMENS 810D、FANUC 0i、世纪之星等三种具体的系统，提供并依据这三种系统的官方简明调试手册，结合具体数控设备随机操作手册，在实训基地中，针对每台数控设备完成数控设备的全部参数备份，并做好备份参数的保存。根据保存的备份参数逐一完成设备的参数恢复。

（三）学习说明

依据提供的官方简明调试手册，查阅数控系统的简明调试步骤，并关注和理解常见系统参数含义，学会使用以简明调试手册为基础的其他的系统手册。根据提供的手册查阅出 SI-EMENS 810D、FANUC 0i、世纪之星三种系统的系统构成、端口说明等内容，为学习任务四奠定基础。

三、相关知识

（一）两种数控系统的介绍

由于现代化生产发展的需要，数控机床的功能和精度也在不断地发展，这其中主要反映在数控系统的发展上。数控系统的发展是由两个方面来促进的，一个是生产发展本身的要求，一个是现代电子技术和软件技术的推动。前者对系统功能提出要求，后者为数控系统实现这些功能提供技术基础。

在航天科技、国防领域对机械加工都提出了很高的要求，如航空航天发动机的加工、舰船推进器的加工等。其实不仅在这些人们平常无法接触到的领域，在人们日常生活中也会接触到，比如人们用的漂亮的手机、流线型的汽车、时尚的运动鞋，它们的模具的制造也要用到功能强大的数控机床。复杂的造型需要复杂加工，复杂的加工需要功能强大的数控系统，比如说四轴、五轴联动能够进行自我精度调整等。正是这些需求不断推动着数控机床、数控系统的持续发展。

电子技术、计算机技术、软件技术业的发展，使得开发新的性能更高的数控系统成为可能。如果没有这些基础科学技术、产业的支撑，是不可能研制出性能卓越的机床和系统的。从数控系统诞生到现在已经有几十年的时间，在这几十年间已经研制出很多种数控系统，数控系统也已经发展了很多代。

每一种数控系统都有自己的优缺点，目前市面上广泛使用的数控系统也有很多种，如西门子的 SINUMERIK、富士通公司的 FANUC 系统、三菱公司的 MELDAS 系统、海德汉公司的 Heidenhain 数控系统、华中数控系统等。这几种数控系统中尤以 FANUC、SINUMERIK 市场占有率最高。因此着重介绍 FANUC 和西门子系统，希望通过对这两种数控系统的介绍，能够明晰数控系统的大致构成和使用方法。

1. 西门子数控系统

西门子数控系统是西门子集团旗下自动化与驱动集团的产品，西门子数控系统 SINUMERIK 发展了很多代。目前在广泛使用的主要有 802、810、840 等几种类型。图 3-1 所示为西门子各系统的性价比较图。

西门子各系统的定位描述如下。

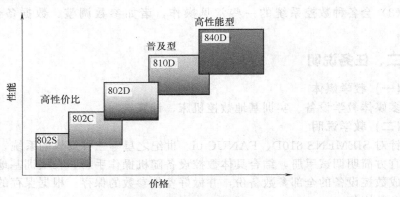

图 3-1　西门子各系统的性价比较图

（1）SINUMERIK 802D　具有免维护性能的 SINUMERIK 802D，其核心部件 PCU（面板控制单元）将 CNC、PLC、人机界面和通信等功能集成于一体。可靠性高、易于安装。

SINUMERIK 802D 可控制 4 个进给轴和一个数字或模拟主轴。通过生产现场总线 PROFIBUS 将驱动器、输入输出模块连接起来。

模块化的驱动装置 SIMODRIVE 611Ue 配套 1FK6 系列伺服电机，为机床提供了全数字化的动力。

通过视窗化的调试工具软件，可以便捷地设置驱动参数，并对驱动器的控制参数进行动态优化。

SINUMERIK 802D 集成了内置 PLC 系统，对机床进行逻辑控制。采用标准 PLC 的编程语言 Micro/WIN 进行控制逻辑设计。并且随机提供标准的 PLC 子程序库和实例程序，简化了制造厂设计过程，缩短了设计周期。

（2）SINUMERIK 810D　在数字化控制的领域中，SINUMERIK 810D 第一次将 CNC 和驱动控制集成在一块板子上。

快速的循环处理能力，使其在模块加工中独显威力。

SINUMERIK 810D NC 软件选件有一系列突出优势。例如提前预测功能，可以在集成控制系统上实现快速控制。

另一个例子是坐标变换功能。固定点停止可以用来卡紧工件或定义简单参考点。模拟量控制模拟信号输出。

刀具管理也是另一种功能强大的管理软件选件。样条插补功能（A，B，C 样条）用来产生平滑过渡；压缩功能用来压缩 NC 记录；多项式插补功能可以提高 810D/810DE 运行速度。温度补偿功能保证数控系统在这种高技术、高速度运行状态下保持正常温度。此外，系统还提供钻、铣、车等加工循环。

（3）SINUMERIK 840D　　SINUMERIK 840D 数字 NC 系统用于各种复杂加工，它在复杂的系统平台上，通过系统设定而适于各种控制技术。840D 与 SINUMERIK-611 数字驱动系统和 SIMATIC7 可编程控制器一起，构成全数字控制系统，它适于各种复杂加工任务的控制，具有优于其他系统的动态品质和控制精度。

2. 西门子产品功能

SINUMERIK 840D 标准控制系统的特征是具有大量的控制功能，如钻削、车削、铣削、磨削以及特殊控制，这些功能在使用中不会有任何相互影响。全数字化的系统、革新的系统结构、更高的控制品质、更高的系统分辨率以及更短的采样时间，确保了一流的工件质量。

采用 32 位微处理器、实现 CNC 控制，用于完成 CNC 连续轨迹控制以及内部集成式PLC 控制。机床配置可实现钻、车、铣、磨、切割、冲、激光加工和搬运设备的控制，备有全数字化的 SIMODRIVE 611 数字驱动模块：最多可以控制 31 个进给轴和主轴，进给和快速进给的速度范围为 $100 \sim 9999 mm/min$。其插补功能有样条插补、三阶多项式插补、控制值互联和曲线表插补，这些功能。为加工各类曲线曲面零件提供了便利条件。此外还具备进给轴和主轴同步操作的功能。

其操作方式主要有 AUTOMATIC（自动）、JOG（手动）、示教（TEACH IN）手动输入运行（MDA）。此外在自动运行时，如加工程序中断后，还可以断点恢复运行。

（1）轮廓和补偿　　840D 可根据用户程序进行轮廓的冲突检测、刀具半径补偿的进入和退出策略及交点计算、刀具长度补偿、螺距误差补偿、测量系统误差补偿、反向间隙补偿、过象限误差补偿等。

数控系统可通过预先设置软极限开关的方法进行工作区域的限制及程序执行中的进给减速，同时还可以对主轴的运行进行监控。

（2）NC 编程　　840D 系统的 NC 编程符合 DIN 66025 标准（德国工业标准），具有高级语言编程特色的程序编辑器，可进行公制、英制尺寸或混合尺寸的编程，程序编制与加工可同时进行，系统具备 1.5MB 的用户内存，用于零件程序、刀具偏置、补偿的存储。

（3）PLC 编程　　840D 的集成式 PLC 完全以标准 SIMAncs7 模块为基础，PLC 程序和数据内存可扩展到 288KB，I/O 模块可扩展到 2048 个输入/输出点，PLC 程序能以极高的采样速率监视数据输入，向数控机床发送运动停止/启动等指令。

840D 系统提供了标准的 PC 软件、硬盘、奔腾处理器，用户可在 Windows98/2000 下开发自定义的界面。此外，2 个通用接口 RS232 可使主机与外设进行通信，用户还可通过磁盘驱动器接口和打印机并联接口完成程序存储、读入及打印工作。

（4）显示部分　　840D 提供了多语种的显示功能，用户只需按一下按钮即可将用户界面从一种语言自动转换为另一种语言，系统提供的语言有中文、英语、德语、西班牙语、法语、意大利语，显示屏上可显示程序块、电动机轴位置、操作状态等信息。

3. 西门子数控系统的基本构成

西门子数控系统有很多种型号，图 3-2 所示为 802D 构成的实物，SINUMERIK 802D 是个集成的单元，它由 NC 以及 PLC 和人机界面（HMI）组成，通过 PROFIBUS 总线连接驱动装置以及输入输出模板，完成控制功能。

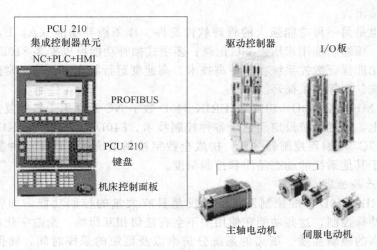

图 3-2　西门子 802D 构成的实物

在西门子的数控产品中最有特点、最有代表性的系统应该是 840D 系统。图 3-3 所示为 840D 系统实物。

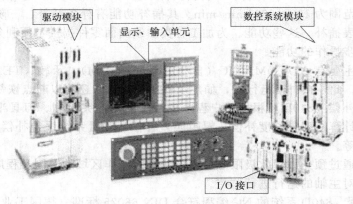

图 3-3　西门子数控系统 840D 结构实物

4. 西门子 840D 系统的结构组成

SINUMERIK 840D 由数控及驱动单元（CCU 或 NCU）、MMC、PLC 模块三部分组成，由于在集成系统时，总是将 SIMODRIVE 611D 驱动和数控单元（CCU 或 NCU）并排放在一起，并用设备总线互相连接，因此在说明时将二者划归一处。图 3-4 所示为西门子数控系统基本构成。

图 3-4　西门子数控系统基本构成

1）人机界面　人机交换界面负责 NC 数据的输入和显示，它由 MMC 和 OP 组成。

MMC 实际上就是一台计算机，有自己独立的 CPU，还可以带硬盘，带软驱；OP 单元正是这台计算机的显示器，而西门子 MMC 的控制软件也在这台计算机中。

（1）MMC（Man Machine Communication）　最常用的 MMC 有两种：MMC100.2 和 MMC103。MMC100.2 的 CPU 为 486，不能带硬盘；而 MMC103 的 CPU 为奔腾，可以带硬盘。一般用户为 SINUMERIK 810D 配 MMC100.2，而为 SINUMERIK 840D 配 MMC103，PCU（PC UNIT）是专门为配合西门子最新的操作面板 OP10、OP10S、OP10C、OP12、OP15 等而开发的 MMC 模块。

目前有三种 PCU 模块：PCU20、PCU50、PCU70，PCU20 对应于 MMC100.2，不带硬盘，但可以带软驱；PCU50、PCU70 对应于 MMC103，可以带硬盘。与 MMC 不同的是，PCU50 的软件是基于 Windows NT 的。PCU 的软件被称作 HMI，HMI 分为两种：嵌入式 HMI 和高级 HMI。一般标准供货时，PCU20 装载的是嵌入式 HMI，而 PCU50 和 PCU70 则装载高级 HMI。

（2）OP（Operation Panel）　OP 单元一般包括一个 TFT 显示屏和一个 NC 键盘。根据用户不同的要求，西门子为用户选配不同的 OP 单元，如 OP030、OP031、OP032、OP032S 等，其中 OP031 最为常用。

（3）MCP（Machine Control Panel）　MCP 是专门为数控机床而配置的，它也是 OPI 上的一个节点，根据应用场合不同，其布局也不同，目前，有车床版 MCP 和铣床版 MCP 两种。对 810D 和 840D，MCP 的 MPI 地址分别为 14 和 6，用 MCP 后面的 S3 开关设定。

对于 SINUMERIK 840D 应用了 MPI（Multiple Point Interface）总线技术，传输速率为 187.5KB/s，OP 单元为这个总线构成的网络中的一个节点。为提高人机交互的效率，又有 OPI（Operator Panel Interface）总线，它的传输速率为 1.5m/s。

2）NCU（Numerical Control Unit）数控单元　如图 3-5 所示，SINUMERIK 840D 的数控单元被称为 NCU 单元［在 810D 中称为 CCU（Compact Control Unit）］。中央控制单元负责 NC 所有的功能和机床的逻辑控制，还有和 MMC 的通信，它由一个 COM CPU 板、一个 PLC CPU 板和一个 DRIVE 板组成。

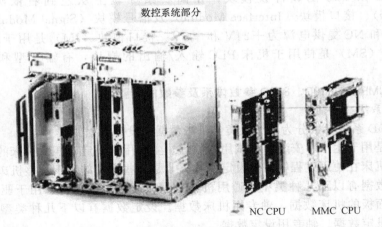

图 3-5　SINUMERIK 840D 的数控单元组成

根据选用硬件如 CPU 芯片等和功能配置的不同，NCU 分为 NCU561.2、NCU571.2、NCU572.2、NCU573.2（12 轴），NCU573.2（31 轴）等若干种，同样，NCU 单元中也集成 SINUMERIK 840D 数控 CPU 和 SIMATIC PLC CPU 芯片，包括相应的数控软件和 PLC

控制软件，并且带有 MPI 或 Profibus 接口、RS-232 接口、手轮及测量接口、PCMCIA 卡插槽等，所不同的是 NCU 单元很薄，所有的驱动模块均排列在其右侧。

3）数字驱动

① 数字伺服为运动控制的执行部分，由 611D 伺服驱动和 1FT6（1FK6）电动机组成。SINUMERIK 840D 配置的驱动一般都采用 SIMODRIVE 611D，它包括两部分：电源模块和驱动模块（功率模块）。如图 3-6 所示。

② 电源模块主要为 NC 和驱动装置提供控制和动力电源，产生母线电压，同时监测电源和模块状态。

图 3-6　SINUMERIK 840D 数字伺服系统

根据容量不同，凡小于 15kW 均不带馈入装置，记为 U/E 电源模块；凡大于 15kW 均需带馈入装置，记为 I/RF 电源模块，通过模块上的订货号或标记可识别。

611D 数字驱动是新一代数字控制总线驱动的交流驱动，它分为双轴模块和单轴模块两种，相应的进给伺服电动机可采用 1FT6 或者 1FK6 系列，编码器信号为 1Vpp 正弦波，可实现全闭环控制。主轴伺服电动机为 1PH7 系列。

4）PLC 模块　如图 3-7 所示，SINUMERIK 810D/840D 系统 PLC 部分使用的是西门子 SIMATIC S7-300 的软件及模块，在同一条导轨上从左到右依次为电源模块（Power Supply）、接口模块（Interface Module）及信号模块（Signal Module）。电源模块（PS）为 PLC 和 NC 提供电源为＋24V 和＋5V。接口模块（IM）是用于级联之间互连的。信号模块（SM）是使用于机床 PLC 输入/输出的模块，有输入型和输出型两种。如图 3-8 所示。

（二）SINUMERIK 810D、840D 参数体系及参数的调整

1. 西门子系统数据简介

810D、840D 系统参数分为两个大类：机床数据、设定数据。

机床数据是用于生产、安装、调试用的数据，主要用于设定、匹配机床的主要数据。设定数据主要是机床在使用过程中需要设定的数据，是一些常用的用于调整机床使用性能的数据。其中机床数据有以下几种类型：通用机床数据、通道机床数据、用于驱动器的机床数据、用于操作面板的机床数据、轴专用机床数据。设定数据有以下几种类型：通用设定数据、通道专用设定数据、轴专用设定数据。

数据的标识如下：

$MM_ 用于操作面板的机床数据（Machine Manipulate）；

$MN_/$SN_ 通用机床数据/通用设定数据；

$MC_/$SC_ 通道用机床数据/通道用设定数据（Machine Channel/Setting Chan-

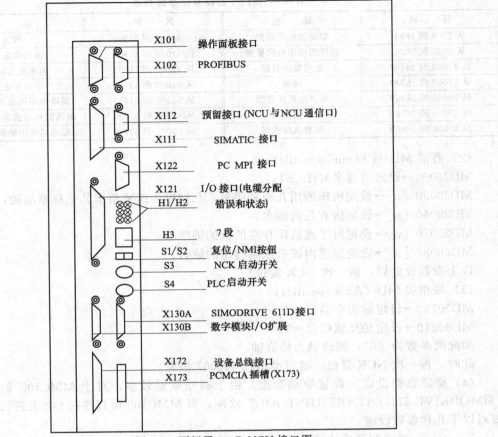

图 3-7　西门子 840D NCU 接口图

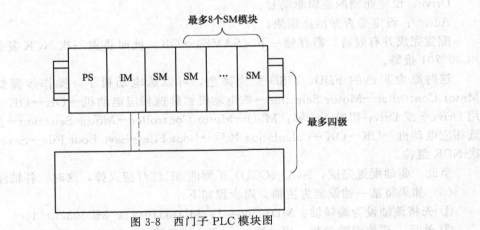

图 3-8　西门子 PLC 模块图

nel)；

　　$ MA _ /$ SA _ 轴专用机床数据轴（Machine Axes /Setting Axes）；

　　$ MD 驱动器机床数据（Machine Drive）。

表 3-1 所示为西门子数控系统数据列表。

2. 机床数据设定

（1）通用 MD（General）　MD10000：此参数设定机床所有物理轴，如 X 轴。

表 3-1　西门子数控系统数据列表

区　域	说　明	区　域	说　明
从 1000 到 1799	驱动用机床数据	从 39000 到 39999	预留
从 9000 到 9999	操作面板用机床数据	从 41000 到 41999	通用设定数据
从 10000 到 18999	通用机床数据	从 42000 到 42999	通道类设定数据
从 19000 到 19999	预留	从 43000 到 43999	轴类设定数据
从 20000 到 28999	通道类机床数据	从 51000 到 61999	编译循环用通用机床数据
从 29000 到 29999	预留	从 62000 到 62999	编译循环用通道类机床数据
从 30000 到 38999	轴类机床数据	从 63000 到 63999	编译循环用轴类机床数据

（2）通道 MD（Channel specific）：

MD20000→设定通道名 CHAN1；

MD20050 [n]→设定机床所用几何轴序号，几何轴为组成笛卡儿坐标系的轴；

MD20060 [n]→设定所有几何轴名；

MD20070 [n]→设定对于此机床存在的轴的轴序号；

MD20080 [n]→设定通道内该机床编程用的轴名。

以上参数设定后，做一次 NCK 复位！

（3）轴相关 MD（Axis-specific）：

MD30130→设定轴指令端口＝1；

MD30240→设定轴反馈端口＝1。

如此两参数为"0"，则该轴为仿真轴。

此时，再一次 NCK 复位，这时会出现 300007 报警。

（4）驱动数据设定　配置驱动数据，由于驱动数据较多，对于 MMC100.2 必须借助 "SIMODRIVE 611D START-UP TOOL" 软件，而 MMC103 可直接在 OP 上进行，大致需要对以下几种参数设定：

Location：设定驱动模块的位置；

Drive：设定此轴的逻辑驱动号；

Active：设定是否激活此模块。

配置完成并有效后，需存储一下（SAVE）→OK。此时再做一次 NCK 复位。启动后显示 300701 报警。

这时原为灰色的 FDD、MSD 变为黑色，可以选电动机了，操作步骤如下：FDD→Motor Controller→Motor Selection→按电动机铭牌选相应电动机→OK→OK→Calculation，用 Drive＋或 Drive-切换下一轴：MSD→Motor Controller→Motor Selection→按电动机铭牌选相应电动机→OK→OK→Calculation 最后→Boot File→Save Boot File→Save All，再做一次 NCK 复位。

至此，驱动配置完成，NCU（CCU）正面的 SF 红灯应灭掉，这时，各轴应可以运行。

（5）如果将某一轴设定为主轴，则步骤如下：

① 先将该轴设为旋转轴：MD30300＝1；MD30310＝1；MD30320＝1。

② 然后，再找到轴参数，用 AX＋，AX－找到该轴，如表 3-2 所示。

再做 NCK 复位。

启动后，在 MDA 下输 SXXM3，主轴即可转。

所有关键参数配置完成以后，可让轴适当运行一下，可在 JOG、手轮、MDA 方式下改变轴运行速度，观察轴运行状态。有时个别轴的运行状态不正常时，排除硬件故障等原因后，则需对其进行优化。

③ 参数生效模式，如表 3-3 所示。

表 3-2　西门子数控系统数据列表

MD35000＝1 MD35100＝XXXX MD35110[0] MD35110[1] MD35130[0] MD35130[1] MD36200[0] MD36200[1]	设定相关速度参数

表 3-3　西门子数控系统参数生效模式

POWER ON (po)重新上电	NCU 模块面板上的"RESET"键
NEW_CONF(cf)新配置	MMC 上的软件"Activate MD"
RESET(re)复位	控制单元上的"RESET"键
IMMEDIATELY(so)	值输入以后
数据区域	

④ 在机床调试中经常需要调整的参数主要有：

MD 10000：JOG 速度设定；

MD 10240：物理单位，"0"英制，"1"公制；

MD 20070：通道中有效的机床轴号；

MD 20080：通道中的通道轴名称；

MD 30130：设定值输出类型，值为"1"表示有该轴，"0"为虚拟轴；

MD 30240：编码器类型，"0"表示不带编码器，"1"为相对编码器，"4"为绝对编码器，主轴时，值为"1"；

MD 30300：旋转轴/主轴，值为"1"时表示该轴为主轴；

MD 34090：参考点偏移/绝对位移编码偏移；

MD 34200：参考点模式。绝对编码器时值为"0"；

MD 35000：指定主轴到机床轴，"1"为主轴；

MD 36200：轴速度极限。

（三）FANUC 系统

1. FANUC 系统简介

FANUC 系统是日本富士通公司的产品，通常其中文译名为发那科。FANUC 系统进入中国市场有非常悠久的历史，有多种型号的产品在使用，使用较为广泛的产品有 FANUC 0、FANUC 16、FANUC 18、FANUC 21 等。在这些型号中，使用最为广泛的是 FANUC 0 系列。

系统在设计中大量采用模块化结构。这种结构易于拆装，各个控制板高度集成，使可靠性有很大提高，而且便于维修、更换。FANUC 系统设计了比较健全的自我保护电路。

PMC 信号和 PMC 功能指令极为丰富，便于工具机厂商编制 PMC 控制程序，而且增加了编程的灵活性。系统提供串行 RS-232C 接口，以太网接口，能够完成 PC 和机床之间的数据传输。

FANUC 系统性能稳定，操作界面友好，系统各系列总体结构非常类似，具有基本统一的操作界面。FANUC 系统可以在较为宽泛的环境中使用，对于电压、温度等外界条件的要求不是特别高，因此适应性很强。

鉴于前述的特点，FANUC 系统拥有广泛的客户，使用该系统的操作员队伍十分庞大。因此有必要了解该系统一些软、硬件上的特点。

可以通过常见的 FANUC 0 系列的特点了解整个 FANUC 系统的特点。

① 刚性攻螺纹。主轴控制回路为位置闭环控制，主轴电动机的旋转与攻螺纹轴（Z 轴）进给完全同步，从而实现高速高精度攻螺纹。如图 3-9 所示。

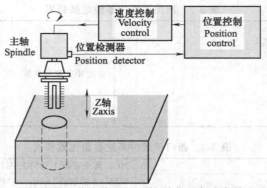

图 3-9　主轴控制回路为位置闭环控制实现高速高精度攻螺纹

② 复合加工循环。复合加工循环可用简单指令生成一系列的切削路径。比如定义了工件的最终轮廓，可以自动生成多次粗车的刀具路径，简化了车床编程。如图 3-10 所示。

③ 圆柱插补。适用于切削圆柱上的槽，能够按照圆柱表面的展开图进行编程，如图 3-11 所示。

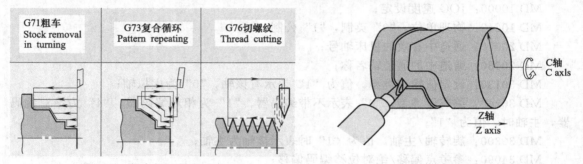

图 3-10　复合加工循环示意　　　　　　　　　图 3-11　圆柱插补示意

④ 直接尺寸编程。可直接指定诸如直线的倾角、倒角值、转角半径值等尺寸，这些尺寸在零件图上指定，这样能简化部件加工程序的编程，如图 3-12 所示。

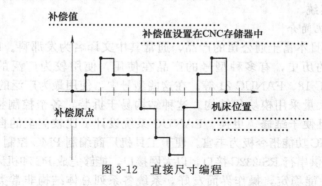

图 3-12　直接尺寸编程

⑤ 记忆型螺距误差补偿。可对丝杠螺距误差等机械系统中的误差进行补偿，补偿数据以参数的形式存储在 CNC 的存储器中。

⑥ CNC 内装 PMC 编程功能。PMC 对机床和外部设备进行程序控制。

⑦ 随机存储模块。MTB（机床厂）可在 CNC 上直接改变 PMC 程序和宏执行器程序。由于使用的是闪存芯片，故无需专用的 RAM 写入器或 PMC 的调试 RAM。

2. FANUC 0 系列硬件框架

1）系统构成　如图 3-13 所示。

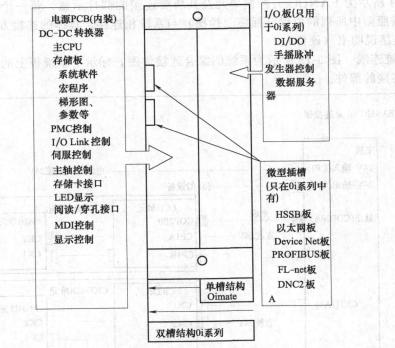

图 3-13 FANUC 0 系列硬件框架

图 3-14 所示从总体上描述了系统综合连接图。

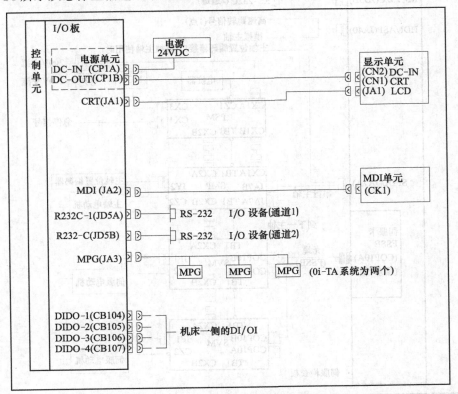

图 3-14 FANUC 0i 系统综合连接示意

　　图 3-14 所示为 FANUC 0i 控制单元及其所要连接的部件示意，每一个文字方框中表示的部件都按照图中所列的位置（插座、插槽）与系统相连接。具体的连接方式、方法可参照 FANUC 连接说明书（硬件）。

　　2）系统连线　图 3-15 所示为系统的综合连接详图，标示了系统板上的插槽名以及每一个插槽所连接的部件。

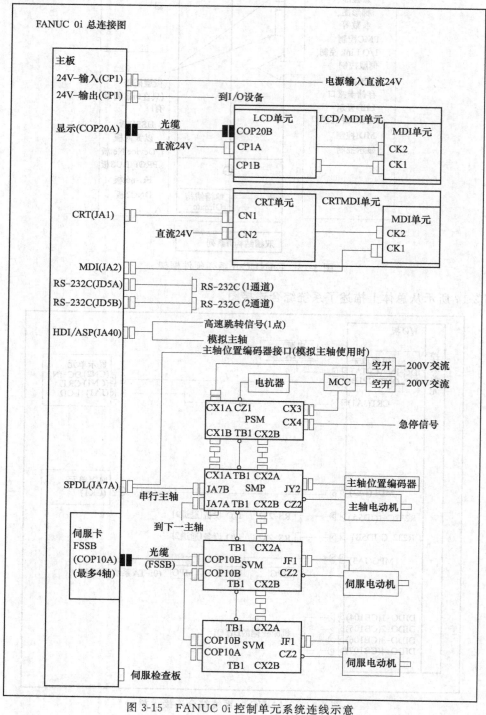

图 3-15　FANUC 0i 控制单元系统连线示意

3）系统构成　主轴电动机的控制有两种接口：模拟和数字（串行传送）输出。模拟接口需用其他公司的变频器及电动机。

（1）模拟主轴接口　模拟主轴的接口定义见表 3-4。

表 3-4　模拟主轴的接口定义

1	OV	11	OV	信号名称	说明
2	CLKXO	12	CLKX1	SVC,ES	主轴公共电压和公共线
3	OV	13	OV		主轴使能信号
4	FSXO	14	FSX1		
5	ES	15	OV	ENB1,ENB2	
6	DXO	16	DX1		
7	SVC	17	−15V		进给轴检测信号
8	ENB1	18	+5V	CLKX0,CLKX1,FSX0,FSX1,	
9	ENB2	19	+15V	DX0,DX1,+15V,−15V,+5V	
10	+15V	20	+5V		

模拟主轴的连接如图 3-16 所示。

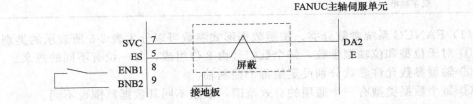

图 3-16　模拟主轴的连接示意

（2）串行主轴的连接　如图 3-17 所示。

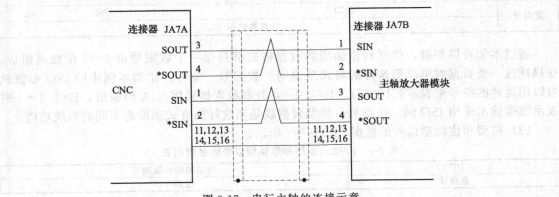

图 3-17　串行主轴的连接示意

3. **数字伺服**

伺服的连接分 A 型和 B 型，由伺服放大器上的一个短接棒控制。A 型连接是将位置反馈线接到 CNC 系统，B 型连接是将其接到伺服放大器。0i 和近期开发的系统用 B 型。0 系统大多数用 A 型。两种接法不能任意使用，与伺服软件有关。连接时最后的放大器 Jx1B 需插上 FANUC 提供的短接插头，如果遗忘会出现♯401 报警。另外，推荐选用一个伺服放大器控制两个电动机，应将大电动机接在 M 端子上，小电动机接在 L 端子上，否则电动机运行时会听到不正常的嗡嗡声。

4. FANUC 系统参数

参数在 NC 系统中用来设定 NC 数控机床及辅助设备的规格和内容，及加工操作所必需的一些数据。机床厂家在制造机床、最终用户在使用过程中，通过参数的设定，来实现对伺服驱动、加工条件、机床坐标、操作功能、数据传输等方面的设定和调用。

机床厂商、用户在配备、使用 FANUC 系统时，根据具体的使用状况，有大量的参数需要调整和设置。在使用和调整这些参数时有必要搞清楚这些参数的用途和设置方法。下面介绍一些有关 FANUC 系统参数的常识和一些常用参数。如表 3-5 所示。

表 3-5　FANUC 系统参数类型列表

数据形式	参数设置	备　　注
位型	0 或 1	
位轴型		
字节型	−128～127	有些参数中不使用符号
字节轴型	0～256	
字型	−32768～3276	有些参数中不使用符号
字轴型	0～65535	
双字型	−99999999～99999999	
双字轴型		

（1）FANUC 系统参数分类。按照数据形式参数可以分为表 3-5 所表示的类别：

① 对于位型和位轴型参数，每个数据号由 8 位组成，每一位有不同的意义。

② 轴型参数允许参数分别设定给每个控制轴。

③ 每个数据类型有一个通用的有效范围，参数不同其数据范围也不同。

（2）位型和位轴型参数举例，如表 3-6 所示。

表 3-6　FANUC 位型和位轴型参数列表

1000	#7	#6	#5	#4	#3	#2	#1	#0
数据号			SEQ			INI	ISO	TVC
参数内容								

通过本例可以知道，位型和位轴型的数据格式都是每一个数据号由 0～7 位数据组成。在描述这一类数据时可以用这样的格式来说明：数据号、位号。比如本例中的 ISO 参数就可以用这样的符号来表示：1000.1。1000.1＝0 时表示数据采用 EIA 码输出，1000.1＝1 时表示数据输出采用 ISO 码。位型和位轴型数据就是用这样的方式来设定不同的系统功能。

（3）位型和位轴型以外的数据，如表 3-7 所示。

表 3-7　FANUC 位型和位轴型以外的参数列表

1023	指定轴的伺服轴号
数据号	数据内容

FANUC 系统将常用的参数如通信、镜像、I/O 口的选择等常见参数放置在 SETTING 功能键下，以便于用户使用。其他大量的参数归类于 SYSTEM 功能键下的参数菜单。这一点和西门子将参数分为机床参数和设定参数有点类似。

下面介绍一些常用的系统参数。

① 与各轴的控制和设定单位相关的参数：参数号 1001～1023。

这一类参数主要用于设定各轴的移动单位、各轴的控制方式、伺服轴的设定、各轴的运动方式等。

② 与机床坐标系的设定、参考点、原点等相关的参数：参数号 1201～1280。

这一类参数主要用于机床坐标系的设定，原点的偏移、工件坐标系的扩展等。

③ 与存储行程检查相关的参数：参数号 1300～1327。

这一类参数的设定主要是用于各轴保护区域的设定等。

④ 与设定机床各轴进给、快速移动速度、手动速度等相关的参数：参数号 1401～1465。

这一类参数涉及机床各轴在各种移动方式、模式下的移动速度的设定，包括快移极限速度、进给极限速度、手动移动速度的设定等。

⑤ 与加减速控制相关的参数：参数号 1601～1785。

这一类参数用于设定各种插补方式下启动停止时加减速的方式，以及在程序路径发生变化时（如出现转角、过渡等）进给速度的变化。

⑥ 与程序编制相关的参数：参数号 3401～3460。

用于设置编程时的数据格式，设置使用的 G 指令格式、设置系统缺省的有效指令模态等和程序编制有关的状态。

⑦ 与螺距误差补偿相关的参数：参数号 3620～3627。

数控机床具有对螺距误差进行电气补偿的功能。在使用这些功能时，系统要求对补偿的方式、补偿的点数、补偿的起始位置、补偿的间隔等参数进行设置。

（四）FANUC 系统数据备份与恢复

1. 概述

FANUC 数控系统中加工程序、参数、螺距误差补偿、宏程序、PMC 程序、PMC 数据在机床不使用时是依靠控制单元上的电池进行保存的。如果发生电池失效或其他意外，会导致这些数据的丢失。因此，有必要做好重要数据的备份工作，一旦发生数据丢失，可以通过恢复这些数据的办法，保证机床的正常运行。

FANUC 数控系统数据备份的方法有两种常见的方法：

① 使用存储卡，在引导系统画面进行数据备份和恢复；

② 通过 RS232 口使用 PC 进行数据备份和恢复。

2. 使用存储卡进行数据备份和恢复

数控系统的启动和计算机的启动一样，会有一个引导过程。在通常情况下，使用者是不会看到这个引导系统。但是使用存储卡进行备份时，必须要在引导系统画面进行操作。在使用这个方法进行数据备份时，首先必须要准备一张符合 FANUC 系统要求的存储卡（工作电压为 5V）。具体操作步骤如下。

（1）数据备份

① 将存储卡插入存储卡接口上（NC 单元上，或者是显示器旁边）。

② 进入引导系统画面（按下显示器下端最右面两个键，给系统上电）。

③ 调出系统引导画面，图 3-18 所示为系统引导画面。

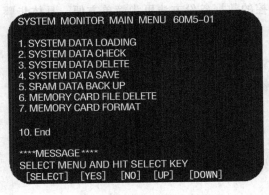
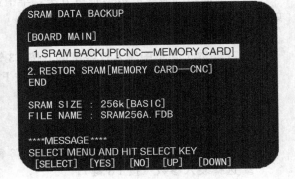

图 3-18 数据备份系统引导画面　　　　图 3-19 系统数据备份画面

④ 在系统引导画面选择所要的操作项第 4 项，进入图 3-19 所示的系统数据备份画面（用 Up 或 Down 键）。

⑤ 在系统数据备份画面有很多项，选择所要备份的数据项，按下 YES 键，数据就会备份到存储卡中。

⑥ 按下 SELECT 键，退出备份过程。

（2）数据恢复

如果要进行数据的恢复，按照相同的步骤进入到系统引导画面。

① 在系统引导画面选择第一项 SYSTEM DATA LOADING。

② 选择存储卡上所要恢复的文件。

③ 按下 YES 键，所选择的数据回到系统中。

④ 按下 SELECT 键退出恢复过程。

3. 使用外接 PC 进行数据的备份与恢复

使用外接 PC 进行数据备份与恢复是一种非常普遍的做法。这种方法比用使用存储卡进行数据备份与恢复用得更多，在操作上也更为方便。操作步骤如下。

（1）数据备份

① 准备外接 PC 和 RS232 传输电缆。

② 连接 PC 与数控系统。

③ 在数控系统中，按下 SYSTEM 功能键，进入 ALLIO 菜单，设定传输参数（和外部 PC 匹配）。

④ 在外部 PC 设置传输参数（和系统传输参数相匹配）。

⑤ 在 PC 机上打开传输软件，选定存储路径和文件名，进入接收数据状态。

⑥ 在数控系统中，进入到 ALLIO 画面，选择所要备份的文件（有程序、参数、间距、伺服参数、主轴参数等可供选择）。按下"操作"菜单，进入到操作画面，再按下"PUNCH"软键，数据传输到计算机中。

（2）数据恢复

① 数据恢复与数据备份的操作前 4 个步骤是一样的。

② 在数控系统中，进入到 ALLIO 画面，选择所要备份的文件（有程序、参数、间距、伺服参数、主轴参数等可供选择）。按下"操作"菜单，进入到操作画面，再按下"read"软键，等待 PC 将相应数据传入。

③ 在 PC 机中打开传输软件，进入数据输出菜单，打开所要输出的数据，然后发送。以上的操作，都必须使机床处在 EDIT 状态。

4. 华中数控系统参数的备份与恢复

相比前面两种系统的数据备份方法，华中数控的数据备份方法更为简单方便。具体步骤如下。

（1）数据备份

① 在参数子菜单中输入权限密码（按 F3 键）。

② 在参数子菜单中，选择备份参数（按 F7 键）。

③ 选择备份到 A 盘。

④ 输入备份参数文件名。

（2）数据恢复

① 在参数子菜单中输入权限密码（按 F3 键）。

② 选择装入参数（按 F8 键）。

③ 选择从 A 盘装入。

④ 选择前面备份的数据文件名。

想一想

（1）简述目前广泛使用的主流数控系统有哪些，各有什么特点。

（2）说明西门子系统的结构和各部分的功能。

（3）SINUMERIK 810D/840D 系统 PLC 部分使用的是西门子 SIMATIC S7-300 的软件及模块，描述其 PLC 部分的组成及各部分的结构。

（4）简述西门子数控系统数据备份的方法。

（5）简述 FANUC 数控系统数据备份的方法。

（6）画出 FANUC 0i 系统的结构图，要求包括完成电源部分、主轴及伺服驱动部分的电缆连接，使其构成一个半闭环系统。

（7）简述西门子 840D 系统驱动数据的设定方法。

做一做

1. 组织体系

每个班分为三个组，车床组、铣床组、加工中心组，分别任命各组组长，负责对本组进行出勤、学习态度考核。

2. 实训地点

数控实训基地机床车间。

3. 实训步骤

（1）案例法

通过"参数引发的数控系统故障"的具体案例，提出讨论数控机床参数对机床运行的作用。

（2）提出所需咨询内容

分组咨询，查询市场所用 SIEMENS 810D、FANUC 0i、世纪之星的参数体系。

（3）实训基地练习

练习各类数控系统参数调整菜单；不同类型数控系统手册使用查询，获取相关参数的意义与调整方法、生效方式；获取不同类型数控系统参数修改权限。

（4）采用头脑风暴法的方式（实训基地）

提出具体数控系统故障案例，分组讨论分析。

分组调整参数，解决相应系统故障。

4. 实训总结

在教师的指导下总结数控车床、数控铣床、数控加工中心各数控系统的特点、参数调整步骤及初步学习参数故障诊断方法。

任务四　数控机床电气系统的认知

一、能力目标

（一）知识要求

（1）了解数控机床电气系统的整体结构。

（2）了解 PLC 在数控机床中的使用原理。

（3）掌握数控机床电气手册的使用方法。

（二）技能要求

（1）掌握数控系统电气系统的整体结构。

（2）熟悉常见的数控系统电气硬件构成。

（3）会各种机床强、弱电系统的一些常见电气接口识别、电气连线、故障判断解决等能力。

（4）具有 PLC 在数控机床中的故障判断解决能力。

二、任务说明

（一）目标 1

通过该任务的学习能够掌握数控机床中 PLC 的工作原理、过程。

[拓展阅读之担使命]

（二）教学媒体

实训基地数控机床、多媒体设备。

（三）教学说明 1

依据 SIEMENS 810D、FANUC 0i、世纪之星三种具体系统的官方手册，并结合具体数控设备的随机手册，跟踪一个具体动作，查阅出 PLC 梯形图的变化。

学习说明：查阅 SIEMENS 810D、FANUC 0i、世纪之星三种具体系统官方手册的关于 PLC 梯形图的具体说明。

（四）目标 2

能够熟练使用电气手册排除机床电气故障。

（五）教学说明 2

根据课程网络中提供的具体电气手册资料，跟踪一个具体对象，读出电气手册中的具体电路。学会电气手册的使用和查询。

（六）学习说明

依据课程网络中提供的具体电气手册资料反复揣摩电气图读图的规则，学会使用和查询电气手册资料。

三、相关知识

（一）数控机床常用低压电器及选择

1. 概述

对电能的生产、输送、分配和使用起控制、调节、检测、转换及保护作用的电工器械称为电器。

工作在交流电压 1200V，或直流电压 1500V 及以下的电路中，起通断、保护、控制或调节作用的电器产品叫做低压电器。

2. 分类

常用低压器的分类，如图 4-1 所示。

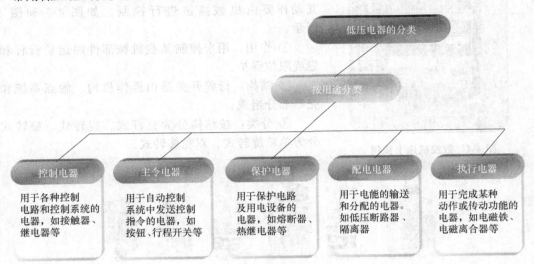

图 4-1　常用低压电器分类

3. 主令电器

主令电器是用来发布命令、改变控制系统工作状态的电器，主要有控制按钮、行程开关、接近开关等。

（1）控制按钮　常用于接通和断开控制电路。按钮的外形和结构及符号，如图 4-2、图 4-3 所示。

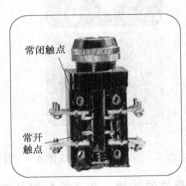

图 4-2　按钮外形和结构

图 4-3　按钮图形符号和文字符号

(a) 动合(常开)触头　　(b) 动断(常闭)触头　　(c) 复合触头

数控机床上的按钮，一般用红色表示停止和急停；绿色表示启动；黑色表示点动；蓝色

图 4-4　数控机床上按钮

表示复位；另外还有黄、白等颜色，供不同场合使用。如图 4-4 所示。

（2）行程开关　行程开关结构与按钮类似，但其动作要由机械撞击进行控制。如图 4-5 和图 4-6 所示。

① 作用：用来控制某些机械部件的运动行程和位置或限位保护。

② 结构：行程开关是由操作机构、触点系统和外壳等部分组成。

③ 分类：按结构分为直杆式、旋转式。旋转式又分为单轮旋转式、双轮旋转式。

图 4-5　行程开关

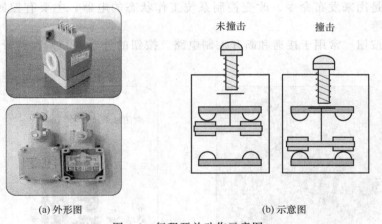

(a) 外形图　　　　　　　　　　　　(b) 示意图

图 4-6　行程开关动作示意图

④ 行程开关的选择：在选择行程开关时，应根据被控制电路的特点、要求、生产现场条件和触点数量等因素进行考虑。常用的行程开关有 LX19、LX31、LX32、JLXK1 等系列产品。行程开关的文字及图形符号如图 4-7 所示。

（3）接近开关　接近开关又称无触点行程开关，它是一种非接触型的检测装置。

① 作用：可以代替行程开关完成传动装置的位移控制和限位保护，还广泛用于检测零件尺寸、测速和快速自动计数，以及加工程序的自动衔接等。

② 特点：工作可靠、寿命长、功耗低、重复定位精度高、灵敏度高、频率响应快，以

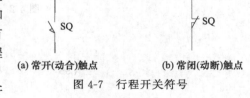

(a) 常开(动合)触点　　　(b) 常闭(动断)触点

图 4-7　行程开关符号

及适应恶劣的工作环境等。

③ 分类：按工作原理分为高频振荡型、电容型、永久磁铁型、霍尔效应型。

如高频振荡型接近开关，振荡器振荡后，在感应头的感应面上产生交变磁场，当金属物体进入高频振荡器的线圈磁场（感应头）时，金属体内部产生涡流损耗，吸收了振荡器的能量，使振荡减弱以致停振。在振荡与停振两种不同的状态，由整形放大器转换成二进制的开关信号，从而达到检测有无金属物的目的。其工作原理如图 4-8 所示。

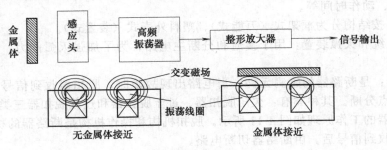

图 4-8　高频振荡型接近开关工作原理

常用接近开关主要系列产品有 LJ2、LJ6、LXJ18 和 35G 等系列。

接近开关的文字符号及图形符号，如图 4-9 所示。

（4）组合开关　常用在机床的控制电路中，作为电源的引入开关或是自我控制小容量电动机的直接启动、反转、调速和停止的控制开关等。组合开关有单极、双极和多极之分，由动触片、静触片、转轴、手柄、凸轮、绝缘杆等部件组成。

工作原理：当转动手柄时，每层的动触片随转轴一起转动，使动触片分别和静触片保持接通和分断。为了使组合开关在分断电流时迅速熄弧，在开关的转轴上装有弹簧，能使开关快速闭合和分断。

组合开关的实物外形、文字符号及图形符号，如图 4-10 所示。

(a) 动合触点　　**(b) 动断触点**

图 4-9　接近开关文字符号及图形符号

(a) 实物外形

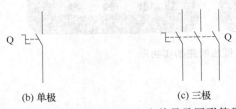

(b) 单极　　　　(c) 三极

图 4-10　组合开关的外形、文字符号及图形符号

（5）低压断路器　低压断路器又称自动空气开关或自动空气断路器，简称自动开关。

① 作用：用于电动机和其他用电设备的电路中，在正常情况下，它可以分断和接通工作电流；当电路发生过载、短路、失压等故障时，它能自动切断故障电路，有效地保护串接于它后面的电气设备；还可用于不频繁地接通、分断负荷的电路，控制电动机的运行和停止。

② 参数：低压断路器参数分为：额定电压、额定电流、极数、脱扣器型、整定电流范围、分断能力、动作时间等。

③ 分类：按结构分为框架式（万能式）、塑料外壳式（装置式）。

④ 触点系统和灭弧装置：用于接通和分断主电路，为了加强灭弧能力，在主触点处装有灭弧装置。

⑤ 脱扣器：是断路器的感测元件，当电路出现故障时，脱扣器收到信号后，经脱扣机构动作，使触点分断。其种类有：欠压脱扣器、过流脱扣器和过载脱扣器三类。

低压断路器的工作原理如图 4-11 所示。脱扣机构和操作机构是断路器的机械传动部件，当脱扣机构接收到信号后，由断路器切断电路。

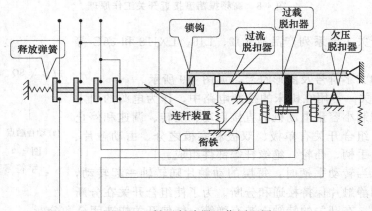

图 4-11　低压断路器工作原理图

低压断路器实物图，如图 4-12 所示。

低压断路器的文字符号及图形符号，如图 4-13 所示。

图 4-12　低压断路器实物图

 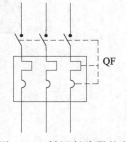

图 4-13　低压断路器的文字符号及图形符号

（6）接触器

① 用途：用来频繁接通和断开电动机或其他负载主电路。是机床电动机主电路中最重

要的控制电气设备。

② 分类：按电流形式分为交流接触器、直流接触器。接触器的结构包括电磁系统、触点系统、灭弧装置。

③ 接触器的工作原理：当接触器的励磁线圈通电后，在衔铁气隙处产生电磁吸力，使衔铁吸合。由于主触点支持件与衔铁固定在一起，衔铁吸合带动主触点也闭合，接通主电路。与此同时，衔铁还带动辅助触点动作，使动合触点闭合，动断触点断开。当线圈断电或电压显著降低时，电磁吸力消失或变小，衔铁在复位弹簧的作用下打开，使主、辅触点恢复到原来的状态，把电路切断。

接触器实物外形如图 4-14 所示。

图 4-14　接触器实物外形

④ 交流接触器：交流接触器用于远距离控制电压小于 380V、电流小于 600A 的交流电路，以及频繁启动和控制交流电动机的控制电气设备。

常用的交流接触器产品，国内有 NC3（CJ46）、CJ12、CJ10X、CJ20、CJX1、CJX2 等系列；引进国外技术生产的有 B 系列、3TB、3TD、LC-D 等系列。

CJ20 系列交流接触器的主触点均做成三极，辅助触点则为两动合、两动断形式。此系列交流接触器，常用于控制笼型电动机的启动和运转。交流接触器工作原理如图 4-15 所示。

⑤ 直流接触器：直流接触器与交流接触器的工作原理相同，结构也基本相同，不同之处是，直流接触器的铁芯线圈通以直流电，不会产生涡流和磁滞损耗，所以不发热。为方便加工，铁芯由整块软钢制成。为使线圈散热良好，通常将线圈绕制成长而薄的圆筒形，与铁芯直接接触，易于散热。

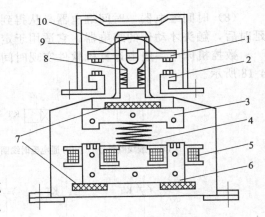

图 4-15　交流接触器工作原理
1—动触头；2—静触头；3—衔铁；4—缓冲弹簧；5—电磁线圈；6—铁芯；7—垫毡；8—触头弹簧；9—灭弧罩；10—触头压力簧片

常用的直流接触器有：CZ0、CZ18 等系列。

直流接触器参数有：额定电压、主触头额定电流、辅助触头额定电流、主触点和辅助触点数目、吸引线圈额定电压、接通和分断能力。

接触器的图形符号和文字符号，如图 4-16 所示。

线圈　　常开(动合)触头　　常闭(动断)触头

图 4-16　接触器的图形符号和文字符号

（7）继电器　继电器是一种利用电流、电压、时间、温度等信号的变化，来接通或断开所控制的电路，以实现自动控制或完成保护任务的自动控制电气设备

中间继电器和接触器的结构和工作原理大致相同。主要区别如下。

a. 接触器的主触点可以通过大电流。

b. 继电器的体积和触点容量小，触点数目多，且只能通过小电流，所以，继电器一般用于机床的控制电路中。

继电器的外形、文字符号及图形符号，如图 4-17 所示。

（a）外形

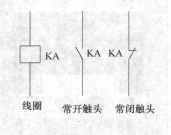

线圈　　常开触头　　常闭触头

（b）符号

图 4-17　继电器的外形、文字符号及图形符号

（8）时间继电器　时间继电器是从得到输入信号（线圈通电或断电）起，经过一段时间延时后，触头才动作的继电器。它适用于定时控制。

数控机床中一般由计算机软件实现时间控制。时间继电器的图形符号和文字符号，如图 4-18 所示。

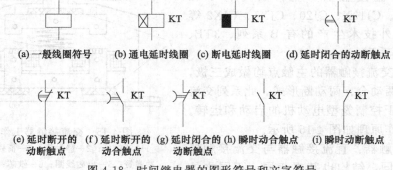

(a) 一般线圈符号　(b) 通电延时线圈　(c) 断电延时线圈　(d) 延时闭合的动断触点

(e) 延时断开的动断触点　(f) 延时断开的动合触点　(g) 延时闭合的动断触点　(h) 瞬时动合触点　(i) 瞬时动断触点

图 4-18　时间继电器的图形符号和文字符号

（9）保护电器　保护电器分为：热继电器、电流继电器、电压继电、熔断器、灭弧器。热继电器实物外形与结构，如图 4-19 所示。

热继电器的选择：根据实际要求确定热继电器的结构类型；根据电动机的额定电流确定热继电器的型号、热元件的电流等级和整定电流。

热继电器的图形及文字符号，如图 4-20 所示。

熔断器用于低压线路中的短路保护。常用的熔断器有插入式熔断器、螺旋式熔断器、管式熔断器和有填料式熔断器。

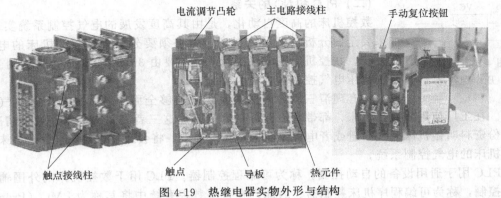

图 4-19 热继电器实物外形与结构

熔断器的外形、文字及图形符号，如图 4-21 所示。

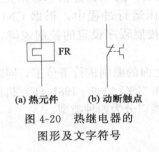

(a) 热元件　　**(b) 动断触点**

图 4-20 热继电器的
图形及文字符号

图 4-21 熔断器实物外形、文字及图形符号

（10）变压器及直流稳压电源　分为：变压器、直流稳压电源。

变压器可以将某一数值的交流电压变换成频率相同，但数值不同的交流电压。

机床控制变压器适用于 50～60Hz，输入电压不超过交流 600V 的电路，常作为各类机床机械设备中一般电器的控制电源和步进电动机驱动器，以及局部照明与指示灯的电源。

三相变压器用于在三相交流系统中，三相电压的变换一般采用三相变压器来实现。在数控机床中，三相变压器主要是给伺服系统供电。变压器的实物及符号，如图 4-22 所示。

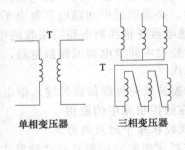

单相变压器　　　　三相变压器

图 4-22 变压器的实物及符号

数控机床中主要使用的直流稳压电源有：开关电源、一体化电源。

直流稳压电源是将非稳定交流电源变成稳定直流电源。在数控机床电气控制系统中，为驱动器控制单元、直流继电器、信号指示灯等提供直流电源。直流稳压电源符号如图 4-23 所示。

图 4-23　直流稳
压电源符号

（二）PLC 和 NC 的关系

数控机床的高度自动化，是由其高度发展的电气控制系统实现的。如果要全面分析了解数控机床，就必须要分析了解数控机床的电气控制系统。数控机床的电气控制系统主要由 3 个部分组成：机床用 PLC、外围电压电气控制系统、执行机构。

只有理清三者之间的关系，才能够全面了解数控机床的电气控制系统。在工厂使用的数控机床，都带有一种资料专门阐述这三者之间的关系。通常情况下，这一份资料叫做机床电气手册或者电气说明书。在本书中，将会通过讲解电气手册，来阐述数控机床的电气控制系统。

PLC 用于通用设备的自动控制，称为可编程控制器。PLC 用于数控机床的外围辅助电气的控制，称为可编程序机床控制器。因此，在很多数控系统中将其称为 PMC（Programmable Machine tool Controller）。数控系统有两大部分：NC 与 PLC，这两者在数控机床所起的作用范围是不相同的，可以按照以下原则划分 NC 和 PLC 的作用范围。

① 实现刀具相对于工件各坐标轴几何运动规律的数字控制，这个任务由 NC 来完成。

② 机床辅助设备的控制由 PLC 来完成。它是在数控机床运行过程中，根据 CNC 内部标志以及机床的各控制开关、检测元件、运行部件的状态，按照程序设定的控制逻辑，对诸如刀库运动、换刀机构、冷却液等的运行进行控制。

在数控机床中这两种控制任务，是密不可分的，它们按照上面的原则进行了分工，同时也按照一定的方式进行连接。NC 和 PLC 的接口方式，遵循国际标准"ISO 4336—1981（E）机床数字控制-数控装置和数控机床电气设备之间的接口规范"的规定，接口分为四种类型：

① 与驱动命令有关的连接电路；

② 数控装置与测量系统和测量传感器间的连接电路；

③ 电源及保护电路；

④ 通断信号及代码信号连接电路。

从接口分类的标准来看，第一类、第二类连接电路传送的是数控装置与伺服单元、伺服电机、位置检测，以及数据检测装置之间控制信息。第三类是由数控机床强电电路中的电源控制控制电路构成，通常由电源变压器、控制变压器、各种断路器、保护开关、继电器、接触器等构成，为其他电机、电磁阀、电磁铁等执行元件供电。

这些相对于数控系统来讲，属于强电回路。这些强电回路是不能够和控制系统的弱电回路直接相连接的，必须通过中间继电器等电子元器件转换成直流低压下工作的开关信号，才能成为 PLC 或继电器逻辑控制电路可接收的电信号。反之，PLC 或继电器逻辑控制来的控制信号，也必须经过中间继电器或转换电路，变成能连接到强电线路的信号，再由强电回路驱动执行元件工作。

第四类是数控装置向外部传送的输入输出控制信号。

（三）PLC 在数控机床中的应用

1. PLC 在数控机床中的应用形式

PLC 在数控机床中的应用通常有两种形式：一种称为内装式；另一种称为独立式。

内装式 PLC 也称集成式 PLC，采用这种方式的数控系统，在设计之初就将 NC 和 PLC 结合起来考虑，NC 和 PLC 之间的信号传递是在内部总线的基础上进行的，因而有较高的交换速度和较宽的信息通道。它们可以共用一个 CPU 也可以是单独的 CPU，这种结构从软硬件整体上考虑，PLC 和 NC 之间没有多余的导线连接，增加了系统的可靠性，而且 NC 和 PLC 之间易实现许多高级功能。

PLC 中的信息也能通过 CNC 的显示器显示，这种方式对于系统的使用具有较大的优势。高档次的数控系统一般都采用这种形式的 PLC。

独立式 PLC 也称外装式 PLC，它独立于 NC 装置，具有独立完成控制功能的 PLC。在采用这种应用方式时，可根据用户自己的特点，选用不同专业 PLC 厂商的产品，并且可以更为方便地对控制规模进行调整。

2. PLC 与数控系统及数控机床间的信息交换

相对于 PLC，机床和 NC 就是外部。PLC 与机床以及 NC 之间的信息交换，对于 PLC 的功能发挥是非常重要的。PLC 与外部的信息交换，通常有以下四个部分。

(1) 机床侧至 PLC　机床侧的开关量信号通过 I/O 单元接口输入到 PLC 中，除极少数信号外，绝大多数信号的含义及所配置的输入地址，均可由 PLC 程序编制者或者是程序使用者自行定义。数控机床生产厂家可以方便地根据机床的功能和配置，对 PLC 程序和地址分配进行修改。

(2) PLC 至机床　PLC 的控制信号通过 PLC 的输出接口送到机床侧，所有输出信号的含义和输出地址也是由 PLC 程序编制者或者是使用者自行定义。

(3) NC 至 PLC　CNC 送至 PLC 的信息可由 CNC 直接送入 PLC 的寄存器中，所有 CNC 送至 PLC 的信号含义和地址（开关量地址或寄存器地址）均由 CNC 厂家确定，PLC 编程者只可使用，不可改变和增删。如数控指令的 M、S、T 功能，通过 CNC 译码后直接送入 PLC 相应的寄存器中。

(4) PLC 至 CNC　PLC 送至 CNC 的信息也由开关量信号或寄存器完成，所有 PLC 送至 CNC 的信号地址与含义由 CNC 厂家确定，PLC 编程者只可使用，不可改变和增删。

3. PLC 在数控机床中的工作流程

PLC 在数控机床中的工作流程，和通常的 PLC 工作流程基本上是一致的，分为以下几个步骤。

(1) 输入采样　输入采样，就是 PLC 以顺序扫描的方式读入所有输入端口的信号状态，并将此状态读入到输入映象寄存器中。当然，在程序运行周期中这些信号状态是不会变化的，除非一个新的扫描周期到来，并且原来端口信号状态已经改变，读到输入映象寄存器的信号状态才会发生变化。

(2) 程序执行　程序执行阶段系统会对程序进行特定顺序的扫描，并且同时进行读入输入映象寄存区、输出映象寄存区的读取相关数据，在进行相关运算后，将运算结果存入输出映象寄存区供输出和下次运行使用。

(3) 输出刷新阶段　在所指令执行完成后，输出映象寄存区所有输出继电器的状态（接通/断开），在输出刷新阶段转存到输出锁存器中，通过特定方式输出，驱动外部负载。

4. PLC 在数控机床中的控制功能

(1) 操作面板的控制　操作面板分为系统操作面板和机床操作面板。系统操作面板的控制信号先是进入 NC，然后由 NC 送到 PLC，控制数控机床的运行。机床操作面板控制信号直接进入 PLC，控制机床的运行。

(2) 机床外部开关输入信号　将机床侧的开关信号输入到 PLC，进行逻辑运算。这些开关信号包括很多检测元件信号（如行程开关、接近开关、模式选择开关等）。

(3) 输出信号控制　PLC 输出信号经外围控制电路中的继电器、接触器、电磁阀等输出给控制对象。

(4) 功能实现　系统送出 T 指令给 PLC，经过译码，在数据表内检索，找到 T 代码指定的刀号，并与主轴刀号进行比较。如果不符，发出换刀指令，刀具换刀，换刀完成后，系统发出完成信号。

(5) M 功能实现　系统送出 M 指令给 PLC，经过译码，输出控制信号，控制主轴正反转和启动停止等。M 指令完成，系统发出完成信号。

5. PLC 与数控机床外围电路的关系

如前所述，PLC 在数控机床中用来控制机床的强电回路（通过一些电器元件）。为了更好地了解数控机床的 PLC 的控制功能，就有必要对 PLC 和外围电路的关系进行分析。

1）PLC 对外围电路的控制　数控机床通过 PLC 对机床的辅助设备进行控制，PLC 通过对外围电路的控制来实现对辅助设备的控制。PLC 接收 NC 的控制信号以及外部反馈信号，经过逻辑运算、处理将结果以信号的形式输出。输出信号从 PLC 的输出模块输出，有些信号经过中间继电器控制接触器然后控制具体的执行机构动作，从而实现对外围辅助机构的控制。

有些信号不需要通过中间环节的处理直接用于控制外部设施，如有些直接用低压电源驱动的设备（如面板上的指示灯）。也就是说每一个外部设备（使用 PLC 控制的）都是由 PLC 的一路控制信号来控制的，也就是说每一个外部设备（使用 PLC 控制的）都在 PLC 中和一个 PLC 输出地址相对应。

PLC 对外围设备的控制，不仅仅是要输出信号控制设备、设施的动作，还要接受外部反馈信号，以监控这些设备设施的状态。在数控机床中用于检测机床状态的设备或元件主要有温度传感器、振动传感器、行程开关、接近开关等。这些检测信号有些是可以直接输入到 PLC 的端口，有些必须要经过一些中间环节才能够输入到 PLC 的输入端口。

无论是输入还是输出，PLC 都必须要通过外围电路才能够控制机床辅助设施的动作。在 PLC 和外围电路的关系中，最重要的一点就是外部信号和 PLC 内部信号处理的对应。这种对应关系就是前面所说的地址分配，就是将每一个 PLC 中地址和外围电路每一路信号相对应。这个工作是在机床生产过程中编制和该机床相对应的 PLC 程序时，由 PLC 程序编制工程师定义的。当然做这样的定义必须遵循必要的规则，以使 PLC 程序符合系统的要求。

2）PLC 与信号输入回路　图 4-24 所示为一种数控机床电气手册的输入单元电器图的一部分，从图上可以看到这是一个插座或者是某一个输入接口的针脚，对应于外围电路的某一个元件、开关、旋钮同时又对应于 PLC 内部的输入地址。

从第一行开始，一个按钮开关或者是摇头开关接入线号为 191 号的回路中、191 号线接到 C71 号插座的 16 号脚，16 号脚对应于 PLC 的输入地址为 X1001.3，该地址被定义为 Manual absolute（手动绝对值）。

从图 4-24，可以知道 S37 号按钮适用于控制手动绝对值是否有效的开关。这个开关的通断状态，通过 191 号线接入到插座 C71 上的 16 号脚，16 号脚再将这个信号输入到 PLC 中，这个信号在 PLC 中的地址为 X1001.3。通过这种定义方式，就将 PLC 中的信号和外围电路相对应起来。就可以通过查看 PLC 中 X1001.3 的状态，来确定外部按钮开关的状态。

从图 4-24 上可以看到在图上右侧文字叙述是该信号的意义，随后在其左边的是输入信号地址，更左边的是插座上的针脚号，再左边的是外围电路的线号和开关器件号。这一幅图是某机床电路图，该图遵循通用标准来绘制，因此通过该图可以看到一些具有普遍意义的原则。

比如说，编制 PLC 程序时可能会把相近的开关（从用途和分布位置上）检测元件等的地址设定在一起。从图 4-24 还可以看到，C71 上的输入信号基本上都是面板上的按钮开关或摇头开关。它们的信号类型和位置分布上是非常接近的，因此它们的输入地址（在 PLC 输入端）也是顺序分布。在该图所属的电气手册上可以查到，C71 一共有 50 个针脚，除去用于公共端、24V 电源的脚以外，其他针脚的输入地址是从 X1000.0 到 1004.7 顺序分布。

通常情况下 PLC 的地址由 3 部分组成：①地址类型；②地址号；③位号。每一个地址号下有 8 个地址位，每一个地址表示不同的信号。

6. PLC 输入地址号

地址号与地址位在控制逻辑上是有对应关系的。因此不仅仅是在绘制此类图形时要考虑它们之间的关系，而且在设计外围电路、编制 PLC 程序时也要考虑它们之间的关系。事实上，不仅是在设计制造机床时要考虑它们之间的对应关系，在使用、维修、维护机床时也要依据它们之间的对应关系和控制逻辑，如图 4-24 所示。

从图 4-24 可以看到几个要素：①元器件号；②线号；③插槽或插座号；④针脚号。

7. PLC 输出信号控制相关的执行元件

图 4-24 描述了输入信号在 PLC 中的地址分配以及 PLC 输入地址与外部开关、旋钮和插座、电缆之间的对应关系。

在数控机床中，不仅仅是输入信号和外部电路涉及对应关系，输出信号和外围控制电路以及要驱动的设备之间也存在着相应的对应关系。图 4-25 和图 4-26 为 PLC 输出信号和外围电路的连接图，但是这两幅图在所表达的控制关系上是不一样的。

在英文版的机床电气手册中，图 4-25 所表示的是 PLC 输出信号可以直接驱动外部装置（这些装置通常是一些 LED、灯），图 4-26 表示的是 PLC 的输出信号必须经过中间继电器才能够控制最终的设备。这是因为图 4-25 所示的外部元件是一些小功率元件（主要是一些表示机床状态的指示灯），而图 4-26 所示的外部设备是大功率元件。

从图 4-25 和图 4-26 还可以看到 PLC 输出地址和外部电路之间的关系：①外部执行元件或设施是受 PLC 控制的；②PLC 的每一个输出信号对应着一个输出地址；③每一个输出地址对应着一个插座或插头的针脚；④每一个针脚对应着外围电路的一根线（用线号标示）；⑤每一个线号对应着一个设备、元件（或者通过一些中间元件）。

在设计 PLC 的程序时，必须要考虑数控机床会用到哪些设备，哪些设备是可以由 PLC 直接驱动的，哪些设备必须经过继电器、接触器等中间环节才能够驱动，以及这些设备的控制信号通过哪个地址号输出。在使用数控机床过程中，可以通过阅读机床电气手册（英文版），熟悉机床设施的控制运行方式，方便地维护机床，如表 4-1 所示。

表 4-1 输出信号列表（一）

Address（地址）	Y1000（针脚号）	Y1001（针脚号）
0	Door start open(H180)灯	Feed hold(H159)灯
1	MOO(H111)LED	ZP1X(H169)LED 原点到达
2	MO1(H112)LED	ZP1Y(H171)LED 原点到达
3	M02(H113)LED	ZP1 Z(H173)LED 原点到达
4	M30(H114)LED	ZP1 4(H175)灯原点到达
5	Manual absolute (H137)LED	spindle CW(H153)灯
6	Single block (H133) LED	
7	Cycle start(H158)灯	

表 4-1 第 2 列、第 3 列列明了所要控制的外部元件，这些元件可在图 4-27 中找到。通过这些图表，可以清楚地看到 PLC 和外部元件之间的关系，如表 4-2 所示。

表 4-2 输出信号列表（二）

Address（地址号）	Y1004（针脚号）	Address（地址号）	Y1004（针脚号）
0	Auto power off(k11)继电器	4	MagaZine CW(k3) 继电器
1	BuZZer(K28)继电器	5	MagaZine CCW(k4)继电器
2	Z axis brake(k26) 继电器	6	Tool unclamp(k15)继电器
3	Coolant pump(k2) 继电器	7	Cycle end light(k20)继电器

表 4-2 对图 4-26 进行了描述，从图 4-26 可以看出这些输出信号是对继电器进行控制，这些元件可以在图 4-27 中查到。

图 4-27 所示为该机床的继电器板（英文版），PLC 的一些输出信号通过继电器板输出，进一步控制其他元件。

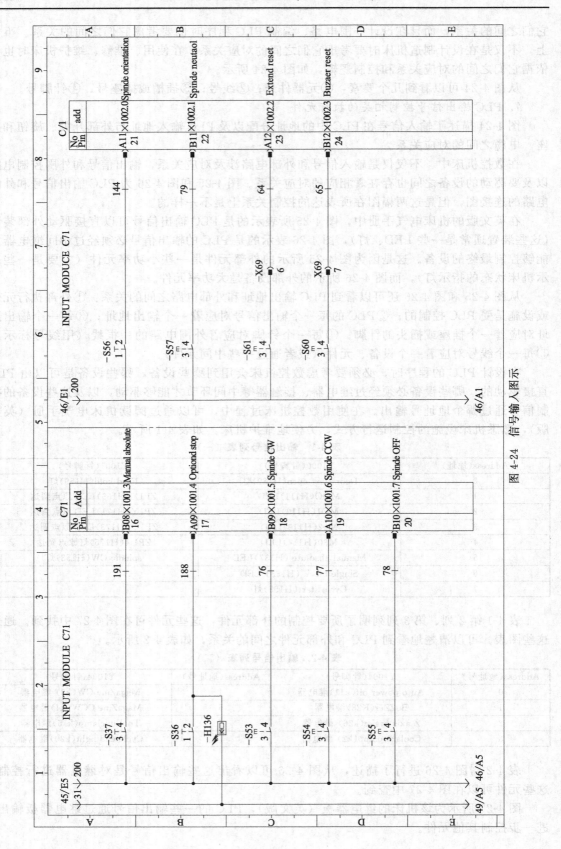

图 4-24　信号输入图示

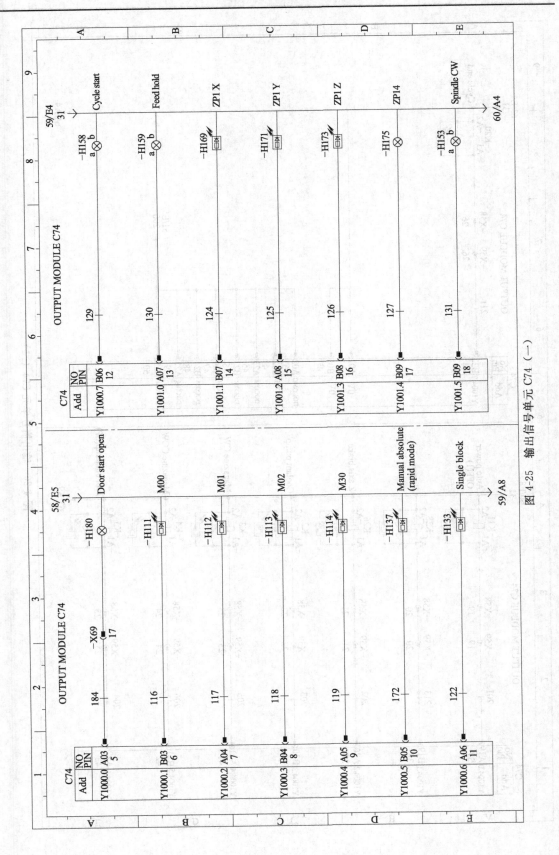

图 4-25 输出信号单元 C74 (一)

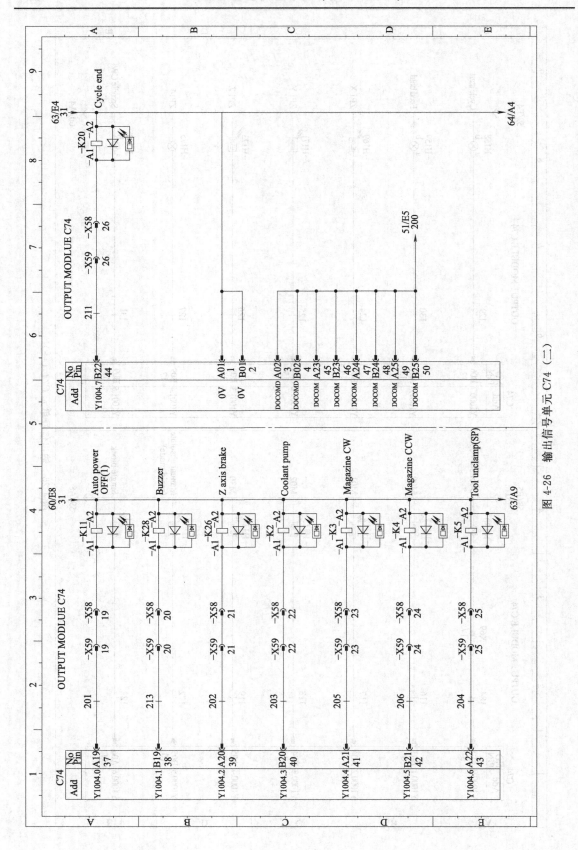

图 4-26 输出信号单元 C74（二）

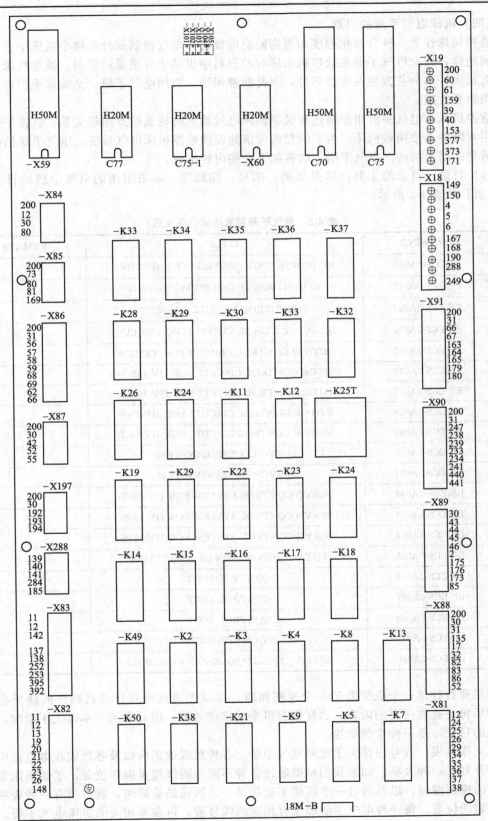

图 4-27　机床的继电器面板

（四）机床电气手册的识别

数控机床作为一种自动化程度相当高的机电设备，电气控制部分在整个机床中占有非常重要的地位，因此电气手册在数控机床所有的资料中也是十分重要的资料。数控机床发生故障也有很大一部分是发生在电控部分，因此能够识别、应用电气手册，是维修维护数控机床的一项重要技能。

数控机床的电气手册用于描述和说明机床电气系统的构造以及连接关系，以便于制造商和使用者维护和使用该机床。为了清楚而详细地说明数控机床电气系统，电气手册的编制采用了清楚的层次结构。电气手册一般有如下一些内容构成。

（1）目录　目录的主要内容是页码、图号、标题等。本书引用的电气手册的目录格式（英文版）如表 4-3 所示。

表 4-3　电气手册目录格式（英文版）

No.	DRAWING	TITLE	REMARK
21	EEECS-0A021	NC POWER UNIT CONTROL CONNECTION	
22	EE-ECS-0A022	－T2 CONTROL MODULE VMC850，HV-45S	
23	EE-ECS-0A023	－T2 CONTROL MODULE HV-50S，70S	
24	EE-ECS-0A024	DC24V ＋Z AXIS BRAKE CONTROL CIRCUT	
25	EE-ECS-0A025	MOTOR CONTROL CIRCUIT FOR VMC850	
26	EE-ECS-0A026	MOTOR CONTROL CIRCUIT FOR HV-40S，50S	
27	EE-ECS-0A027	MOTOR CONTROL CIRCUIT FOR HV-70S，80S	
28	EE-ECS-0A028	MOTOR CONTROL CIRCUIT FOR HV-100S	
29	EE-ECS-0A029	MOTOR CONTROL CIRCUIT FOR HV-100S	
30	EE-ECS-0A030	SERVO CONTROL SYSTEM	
31	EE-ECS-0A031	SERVO CONTROL SYSTEM	
32	EE-ECS-0A032	SERVO CONTROL SYSTEM FOR HV-100S	
33	EE-ECS-0A033	SERVO CONTROL SYSTEM FOR HV-100S	
34	EE-ECS-0A034	SERVO CONTROL SYSTEM FOR HV-100S	
35	EE-ECS-0A035	TOTAL CONNECTION OF SERIES 18MC	
36	EE-ECS-0A036	CONTROL UNIT	
37	EE-ECS-0A037	CONTROL UNIT	
38	EE-ECS-0A038	CONTROL UNIT	
39	EE-ECS-0A039	AC110V CONTROL CIRCUIT	
40	EE-ECS-0A040	AC110V CIRCUIT(SOLENOID CONTROL)	

如果要查找某一个机型的某一个控制回路，可以先通过查找目录找到该回路所在的页码，然后再去查找所要的内容，这样做有事半功倍的效果。因此拿到一本电气手册时，首先阅读它的目录，是一种常规做法。

（2）线号表　线号表是为了说明电气手册上各种线缆的走向以及各线缆在电气图中所处位置而开列的一种表格。如果我们试图通过各种不同号码线缆走向和位置，了解机床电气控制系统的控制逻辑，以及通过一个线缆来查找某一个回路的故障时，就必须有一种表格来说明各线缆的位置。每一种电气手册都会有相应的线号表，可参考相关的机床电气手册。

（3）符号描述表　符号描述表不一定是每一本电气手册都会有，因为有的厂家会认为用户的相关人员已经了解所遵循的制图标准。但是很多厂家还是会将其列出来，这样会使电气手册的使用人员更为广泛。这一部分内容主要是说明该电气手册所使用的图形符号所要表达的元器件的类型。在阅读、使用电气手册时，尽可能阅读这一节内容，以免因为参照的标准不一致而错误理解该手册所要表达的内容。表 4-4 为符号英文描述表。

表 4-4　符号英文描述表

Block	Comment	Block	Comment	Block	Comment	Block	Comment	Block	Comment	Block	Comment
	Make contacts		Pressure switch with Make contacts		Manually switch with Make contacts		Buzzer		DC relay		Bridge diode
	Break contacts		Pressure switch with Break contacts		Manually switch with Break contacts		LED		Photo switch		Diode
	Foot switch with Make contacts		Limit switch with Make contacts		Floot switch with Make contacts		LED		Timer		Diode
	Foot switch with Break contacts		Limit switch with Break contacts		Floot switch with Break contacts		Translomers		lermil srip		Brake
	Push switch with Make contacts		Proximity switch with Break contacts		On delay timer contact Break contacts				Spark kill		Fuse
	Push switch with Break contacts		Proximity switch with Make contacts		Lamp		Contactor		Spark kill (3 Phase)		Resistor
	Key switch with Make contacts		Emergency switch with Break contacts		Flash lamp		Solenoid		Wire No.		Copacitor

我们可以看到，符号描述表对电路图中所要用到的图形符号均进行了说明。在符号表后所绘制的电路图，均按照图上所描述的符号组成。

（4）电气柜布置图　如图 4-28 所示，数控机床电气系统的绝大部分元器件，均是放置在机床的电气柜中。在英文版的机床电气手册中，电气柜框图主要是用来描述各器件在电气柜中的位置，以及电气柜和外界相连通的线缆的位置。

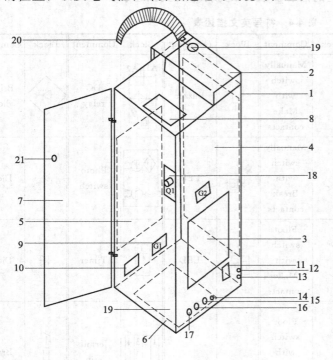

No.	Comment
1	Elcctric control box
2	Distribution box
3	Right mounting plate
4	Front mounting plate
5	Left mounting plate
6	Bottom mounting plate
7	Electric control box door
8	Heal exchanger
9	Power supply
10	Y axis square tube fixing hole
11	RS232C
12	Y axis motor pulse coder cable
13	Y axis motor cable(−W21M)
14	Coolant pump(−X52)
15	AC 220V input
16	AC 380V output
17	AC 380V input
18	NFB(−Q1)
19	Z axis cable hole
20	Snake tube
21	NFB handle

图 4-28　电气柜布置图

（5）控制回路框图　如图 4-29 所示，控制回路框图用于描述整个数控机床控制系统控制流程和各部分之间的关系，分为两个部分：一部分用于描述数控机床电气控制系统各大部分之间的关系，包括伺服、NC 单元、PLC、机床的操作界面、系统的操作界面等；另一部分由数控机床强电电路中的电源控制电路之间的关系构成。通常是电源变压器、控制变压器、各种断路器、保护开关、继电器、接触器之间的关系框图。

（6）各控制单元图　前面几节是电气手册中概述性的内容，对于数控机床的电气系统而言，更重要的是数控机床电气系统各单元、回路图。这一部分详细地讲述了机床电气系统的连接方式、连接内容、连接的元件类型和这些元件具体位置的描述。

这些控制单元、回路图包括机床电源输入单元、NC 电源单元、外围控制回路电源单元、控制回路（通常情况下是 24V 回路）、辅助电机控制回路、伺服控制系统单元、NC 控

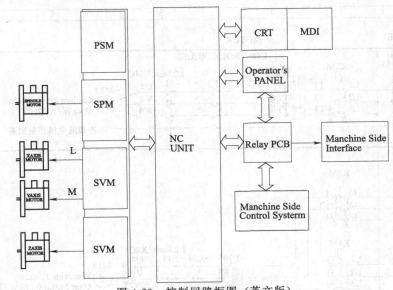

图 4-29 控制回路框图（英文版）

制单元、PLC 输入单元各模块、PLC 输出单元各模块、各插头插座接线详图、各重要元件接线图、电磁线圈控制回路（110V 回路）、各功能模块回路等。

数控机床的电气控制系统正是由这些不同的控制回路、控制单元所组成的，要熟悉、掌握数控机床的电气控制系统就必须要了解这些控制回路单元。

（五）查找回路的方法

学习查找回路有两个目的：

① 了解数控机床电气控制系统的工作原理；

② 能够通过使用机床电气手册维修维护数控机床电气系统。

使用电气手册的方法很简单，可以说就是按图索骥。对照电气图上所列的元器件和机床上元器件的编号，按照电气图所绘制的控制回路逻辑，一步一步地找到某一个回路的所有线缆和元件。

1. 查找电路图例

本节将会使用英文版机床电气手册，查找其中某一个辅助设备的控制、工作流程。通过查找过程和步骤的讲解，讲述使用机床电气手册的方法。

如图 4-30 所示，数控机床冷却液电机的控制有两种方式：程序自动控制（用 M 指令）；手动控制（控制面板上的开关）。第一种方式是 NC 将 M 指令送至 PLC，经过 PLC 的处理后送出控制信号。第二种方式是操作人员在机床操作面板上操作开关，开关的状态信号经过线缆输入到 PLC，经过 PLC 处理后送出控制信号。可见两种方式的不同在于，送入 PLC 的信号是不一样的，但是最终都将从 PLC 送出控制信号。这两种方式在 PLC 输出控制信号后的回路是同一个回路。

下面详细叙述查找冷却液电机控制回路的整个过程（手动方式）。

① 在英文版机床电气手册目录中，查找电机控制回路所在的页码。机床电气手册通常会将同一类控制回路放置在一起，以便于查找。在英文版机床电气手册目录中，查找到电机控制回路。如表 4-5 所示，目录表明电机控制回路在英文版机床电气手册 25～29 页。

② 查找到电机控制回路，并在其中查找冷却液电机控制回路。根据第一步查找到的页码，查找到电机控制回路。在电机控制回路中，有很多个电机的控制回路图放置在一起，可

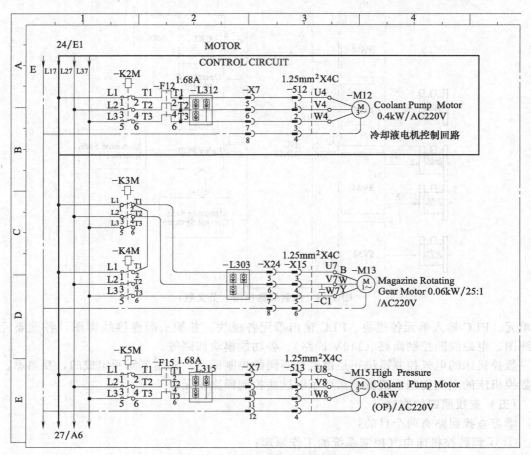

图 4-30 冷却液电机控制回路

表 4-5 目录中电机控制回路页码

No.	DRAWING	TITLE	REMARK
21	E-ECS-0A021	NC POWER UNIT CONTROL CONNECTION	
22	E-ECS-0A022	−T2 CONTROL MODULE VMC850 HV-45S	
23	E-ECS-0A023	−T2 CONTROL MODULE HV−50S,70S	
24	E-ECS-0A024	DC24V ＋Z AXIS BRAKE CONTRO CIRCUIT	
25	E-ECS-0A025	MOTOR CONTROL CIRCUIT FOR VMC850	电机控制回路
26	E-ECS-0A026	MOTOR CONTROL CIRCUIT FOR HV−40S,50S	
27	E-ECS-0A027	MOTOR CONTROL CIRCUIT FOR HV−70S,80S	
28	E-ECS-0A028	MOTOR CONTROL CIRCUIT FOR HV−100S	
29	E-ECS-0A029	MOTOR CONTROL CIRCUIT FOR HV−100S	

以通过文字描述和编号查找到冷却液电机控制回路。如图 4-30 所示。

③ 查找控制冷却液电机的接触器。在冷却液电机控制回路中，可以看到控制冷却液电机的接触器是 K2M。接下来就是查找到 K2M。K2M 是接触器，在该机床中接触器是在 110V 控制回路中（有的厂家的接触器直接受 24V 控制回路的控制），如图 4-31 所示，从图中可知 K2M 受继电器 K2 控制。

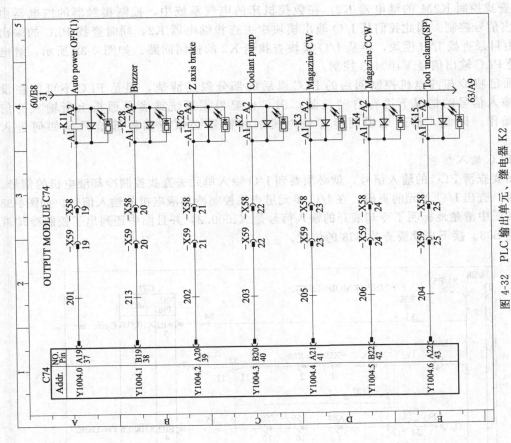

图 4-32　PLC 输出单元、继电器 K2

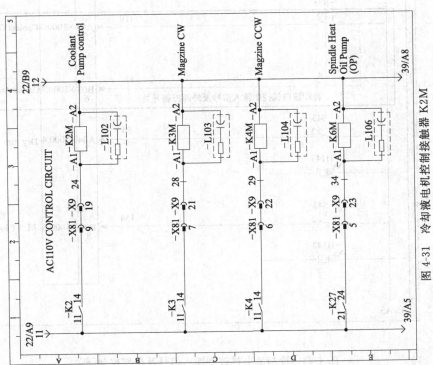

图 4-31　冷却液电机控制接触器 K2M

④ 查找控制 K2M 的继电器 K2。在数控机床的电气系统中，控制接触器的继电器由 PLC 输出信号控制。因此我们从 I/O 输出模块中去查找继电器 K2，同时查找 PLC 的输出信号。由目录查找 I/O 模块，再从 I/O 模块查找到 K2 的控制回路。如图 4-32 所示，继电器 K2 受 PLC 输出信号 Y1004.3 控制。

前面已将冷却液电机控制回路的 PLC 以后的部分叙述清楚，但是 PLC 不可能在没有外部输入信号的情况下进行自动控制，PLC 也要根据系统或者是面板上所输入的信号进行操作。因此，清楚地说明冷却液电机的控制还必须查明外部信号是如何进入 PLC 的。

2. PLC 输入信号

既然要查清 PLC 的输入信号，就必须要到 I/O 输入单元去查找控制冷却液电机的信号。根据目录，查出 I/O 单元的页码，在 I/O 单元里查找控制冷却液电机的输入信号。如图4-33 所示，在图中清楚地标明了冷却液开的输入信号是 X1000.2，并且图中还列出了控制冷却液的开关是 S33。接下来就要查找 S33 的位置。

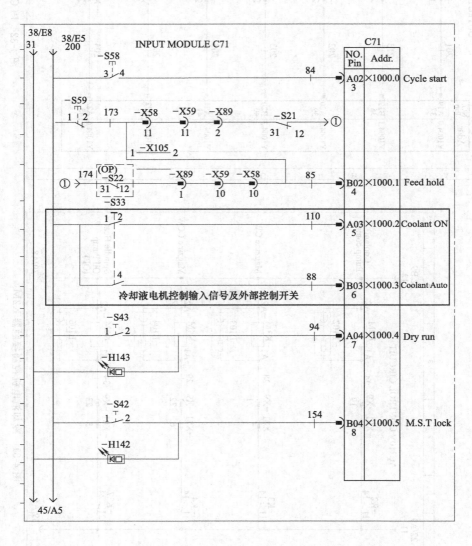

图 4-33　冷却液电机控制输入信号及外部控制开关

3. 控制冷却液电机的开关 S33

① 控制冷却液开启或者是关闭的开关，应该是在操作面板上的开关。可以从机床操作面板上去查找。从图 4-27 上查到控制冷却液泵的开关。

至此已经将冷却液电机的控制回路查找清楚。按照从开关出发到冷却液电机结束的顺序进行叙述如下：S33→PLC 输入端 X1000.2→PLC→PLC 输出端 Y1004.3→relay PCB 板→继电器 K2→110V 控制回路接触器 K2M→冷却液泵。

② 分析。根据前面的图例，可以得出机床电气控制系统的方法。机床辅助电气设备的控制，以 PLC 为核心，控制信号按照两个途径进入 PLC（NC 以指令的形式进入 PLC，外部开关包括检测开关和手动开关）。PLC 按照编制好的控制程序对进入 PLC 的信号进行处理，PLC 的输出信号从输出端口输出。输出的信号按照所要控制的执行元件的性质，在外围电路通过不同的控制回路（有的直接由 PLC 驱动，有的经过中间继电器和接触器等控制）控制执行元件。

（六）机床数控系统电气功能图解

（1）FANUC-0 I 系统电气功能图，如图 4-34 所示。

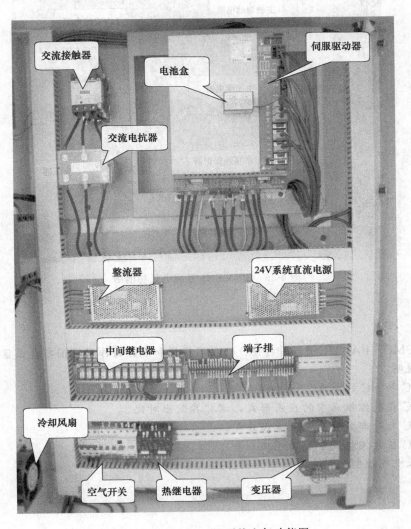

图 4-34　FANUC-0 I 系统电气功能图

（2）SIEMENS系统电气功能图，如图4-35所示。

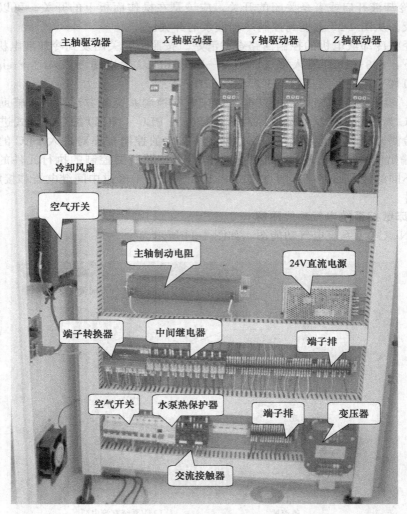

图 4-35　SIEMENS系统电气功能图

想一想

（1）什么是PMC？FANUC系统中PMC的应用范围和NC的作用范围有什么区别？请举例说明。

（2）简述PLC和NC的关系。

（3）简述PLC在数控机床中的应用形式，试就其做出对比。

（4）简述PLC与外部数据的交换途径方式。

（5）简述PLC在数控机床中的功能。

（6）试述机床电气控制系统中查找回路的方法，举例说明。

做一做

1. 组织体系

每个班分为三个组，车床组、铣床组、加工中心组，分别任命各组组长，负责对本组进行出勤、学习态度考核。

2. 实训地点

数控实训基地机床车间。

3. 实训步骤

（1）现场演示机床电气系统的工作过程。

（2）现场演示通过机床操作面板控制机床电气设施。

（3）现场演示通过监控 PLC 信号状态，了解机床、电气元件的工作状态。

（4）学员现场操作机床电气设备。

（5）学员查看机床、电气设施、元件的状态，和 PLC 的状态相对比。

（6）学员选取典型设备，根据典型设备的工作状态以及状态的改变描述 PLC 对电气设备的控制流程，描述出整个流程及回路。

（7）学员根据具体设备的工作过程撰写报告，描述数控机床中 PLC 对电气系统控制流程。

（8）选取具体的机床设备，展示并讲解该机床的所有随机资料。

（9）讲解该机床电气手册的构成。

（10）选取机床的典型电气设备，读取该设备的相关电路图。

（11）根据电路图，在机床电气控制柜以及相关控制设施中，查找电路图所描述的具体元件和线缆。

（12）学员根据电气手册和实物，就某一个设备的控制回路撰写一份报告。报告中详细描述设备的控制回路在电气手册中的描述位置，及该回路的走向。在报告中将电气手册的描述和实物的分布与走向做详细的对比。

（13）采用头脑风暴法的方式分析各类数控机床的结构及产品加工特点。

4. 实训总结

在教师的指导下总结数控车床、数控铣床、数控加工中心典型电气设备的结构，会该设备的相关电路图的识别及故障判断方法。

任务五　数控车床的认知

一、能力目标

（一）知识要求

(1) 掌握数控车床的分类。

(2) 掌握数控车床的组成及各部分的功用。

（二）技能要求

(1) 能现场认识数控车床的分类及加工原理。

(2) 会讲解数控车床的组成及各部分的功用。

二、任务说明

能够了解工厂里常用的数控车床数控系统，了解数控车床的种类以及各类数控车床加工产品的特点。

（一）教学媒体

多媒体教学设备、网络、数控实训基地机床。

（二）教学说明

在该任务中，教师应该大量提供涵盖各类数控车加工视频，在观看这些视频的过程中，逐一解释相关的设备部件构成和加工零件工艺特点和适用条件，在此基础上，完成数控车床分类的介绍。

（三）学习说明

反复观看网站中提供的相关视频资料，并通过网络查找相关类型数控车床的资料，并查找到主流数控厂商和系统厂商有关车床的资料，阅读相关数控车床数控设备的技术参数和介绍。

三、相关知识

（一）数控车床特点及组成

数控车床的外形与普通车床相似，即由床身、主轴箱、刀架、进给系统、液压系统、冷却和润滑系统等部分组成。数控车床的进给系统与普通车床有质的区别，传统普通车床有进给箱和交换齿轮架，而数控车床是直接用伺服电动机通过滚珠丝杠驱动溜板和刀架实现进给运动，因而进给系统的结构大为简化。

1. 数控车床的分类

数控车床品种繁多，规格不一，可按如下方法进行分类。

1) 按车床主轴位置分类

(1) 卧式数控车床　卧式数控车床又分为数控水平导轨卧式车床和数控倾斜导轨卧式车床。其倾斜导轨结构可以使车床具有更大的刚性，并易于排除切屑。图 5-1 所示为卧式数控车床。

(2) 立式数控车床　立式数控车床简称为数控立车，其车床主轴垂直于水平面，一个直径很大的圆形工作台用来装夹工件。这类机床主要用于加工径向尺寸大、轴向尺寸相对较小的大型复杂零件。如图 5-2 所示。

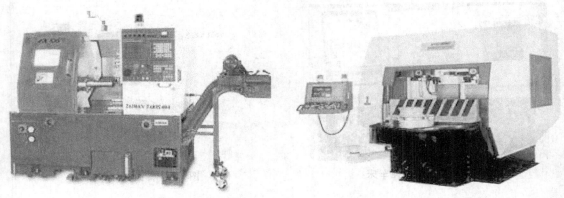

图 5-1　卧式数控车床

图 5-2　立式数控车床

2）按刀架数量分类

（1）单刀架数控车床　数控车床一般都配置有各种形式的单刀架，如四工位卧动转位刀架或多工位转塔式自动转位刀架。图 5-3 为单刀架数控车床。

（2）双刀架数控车床　这类车床的双刀架配置平行分布，也可以是相互垂直分布。图 5-4 所示为双刀架数控车床。

图 5-3　单刀架数控车床

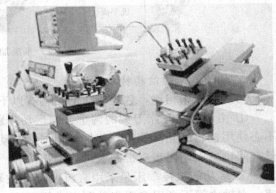

图 5-4　双刀架数控车床

3）按功能分类

（1）经济型数控车床　采用步进电动机和单片机对普通车床的进给系统进行改造后形成的简易型数控车床，成本较低，但自动化程度和功能都比较差，车削加工精度也不高，适用于要求不高的回转类零件的车削加工。图 5-5 所示为经济型数控车床。

（2）普通数控车床　根据车削加工要求在结构上进行专门设计并配备通用数控系统而形成的数控车床，数控系统功能强，自动化程度和加工精度也比较高，适用于一般回转类零件的车削加工。这种数控车床可同时控制两个坐标轴，即 X 轴和 Z 轴。图 5-6 所示为普通数控车床。

（3）车削加工中心　在普通数控车床的基础上，增加了 C 轴和动力头，更高级的数控车床带有刀库，可控制 X、Z 和 C 三个坐标轴，联动控制轴可以是（X、Z）、（X、C）或（Z、C）。由于增加了 C 轴和铣削动力头，这种数控车床的加工功能大大增强，除可以进行一般车削外还可以进行径向和轴向铣削、曲面铣削、中心线不在零件回转中心的孔和径向孔的钻削等加工。图 5-7 所示为车削加工中心加工零件。

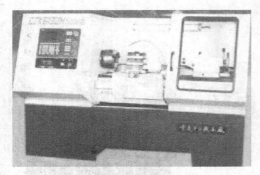
图 5-5　经济型数控车床

图 5-6　普通数控车床

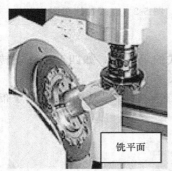
铣平面

钻削

铣沟槽

图 5-7　车削加工中心加工零件

2. 数控车床的结构特点

与传统车床相比，数控车床的结构有以下特点。

① 由于数控车床刀架的两个方向运动分别由两台伺服电动机驱动，所以它的传动链短，不必使用挂轮、光杠等传动部件，用伺服电动机直接与丝杠连接带动刀架运动。伺服电动机丝杠间也可以用同步皮带副或齿轮副连接。

② 多功能数控车床是采用直流或交流主轴控制单元来驱动主轴，按控制指令作无级变速，主轴之间不必用多级齿轮副来进行变速。为扩大变速范围，现在一般还要通过一级齿轮副，以实现分段无级调速，即使这样，床头箱内的结构已比传统车床简单得多。

数控车床的另一个结构特点是刚度大，这是为了与控制系统的高精度控制相匹配，以便适应高精度的加工。

③ 数控车床的第三个结构特点是轻拖动。刀架移动一般采用滚珠丝杠副。滚珠丝杠副是数控车床的关键机械部件之一，滚珠丝杠两端安装的滚动轴承是专用轴承，它的压力角比常用的向心推力球轴承要大得多。这种专用轴承配对安装，是选配的，最好在轴承出厂时就是成对的。

④ 为了拖动轻便，数控车床的润滑都比较充分，大部分采用油雾自动润滑。

⑤ 由于数控机床的价格较高、控制系统的寿命较长，所以数控车床的滑动导轨也要求耐磨性好。数控车床一般采用镶钢导轨，这样机床精度保持的时间就比较长，其使用寿命也可延长许多。

⑥ 数控车床还具有加工冷却充分、防护较严密等特点，自动运转时一般都处于全封闭或半封闭状态。

⑦ 数控车床一般还配有自动排屑装置。

3. 数控车床的布局

典型数控车床的机械结构系统组成包括主轴传动机构、进给传动机构、刀架、床身、辅助装置（刀具自动交换机构、润滑与切削液装置、排屑、过载限位）等部分。数控车床床身导轨与水平面的相对位置如图 5-8 所示，它有 4 种布局形式：图 5-8（a）所示为平床身，图5-8（b）所示为斜床身，图 5-8（c）所示为平床身斜滑板，图 5-8（d）所示为立床身。

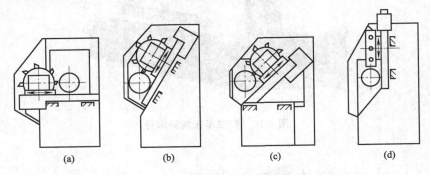

(a)　　　　　(b)　　　　　(c)　　　　　(d)

图 5-8　数控车床床身导轨与水平面的相对位置

水平床身的工艺性好，便于导轨面的加工。水平床身配上水平放置的刀架可提高刀架的运动精度，一般可用于大型数控车床或小型精密数控车床的布局。但是水平床身由于下部空间小，故排屑困难。从结构尺寸上看，刀架水平放置使得滑板横向尺寸较长，从而加大了机床宽度方向的结构尺寸。图 5-9 所示为数控车床水平床身。

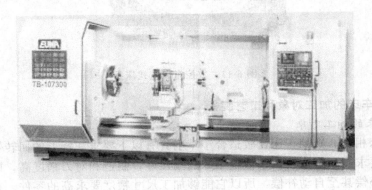

图 5-9　数控车床水平床身

水平床身配置倾斜放置的滑板，并配置倾斜式导轨防护罩，这种布局形式一方面有水平床身工艺性好的特点；另一方面机床宽度方向的尺寸较水平配置滑板的要小，且排屑方便。水平床身配倾斜放置的滑板和斜床身配置斜滑板布局形式被中、小型数控车床所普遍采用。此两种布局形式的特点是排屑容易，热铁屑不会堆积在导轨上，也便于安装自动排屑器；操作方便，易于安装机械手，以实现单机自动化；机床占地面积小，外形简单、美观，容易实现封闭式防护。图 5-10 所示为倾斜床身。

斜床身其导轨倾斜的角度分别为 30°、45°、60°、75°和 90°（称为立式床身），若倾斜角度小，排屑不便；若倾斜角度大，导轨的导向性差，受力情况也差。导轨倾斜角度的大小还会直接影响机床外形尺寸高度与宽度的比例。综合考虑上面的因素，中小规格的数控车床其床身的倾斜度以 60°为宜。图 5-11 所示为立式床身。

图 5-10　数控车床倾斜床身

图 5-11　数控车床立式床身

（二）数控车床的加工对象和工艺装备

1．数控车床的加工对象

与传统车床相比，数控车床比较适合于车削具有以下要求和特点的回转体零件。

（1）精度要求高的零件　由于数控车床的刚性好，制造和对刀精度高，以及能方便和精确地进行人工补偿甚至自动补偿，所以它能够加工尺寸精度要求高的零件。在有些场合可以以车代磨。此外，由于数控车削时刀具运动是通过高精度插补运算和伺服驱动来实现的，再加上机床的刚性好和制造精度高，所以它能加工对母线直线度、圆度、圆柱度要求高的零件。

（2）表面粗糙度好的回转体零件　数控车床能加工出表面粗糙度小的零件，不但是因为机床的刚性好和制造精度高，还由于它具有恒线速度切削功能。在材质、精车留量和刀具已定的情况下，表面粗糙度取决于进给速度和切削速度。使用数控车床的恒线速度切削功能，就可选用最佳线速度来切削端面，这样切出的粗糙度既小又一致。数控车床还适合于车削各部位表面粗糙度要求不同的零件。粗糙度小的部位可以用减小进给速度的方法来达到，而这在传统车床上是做不到的。

（3）轮廓形状复杂的零件　数控车床具有圆弧插补功能，所以可直接使用圆弧指令来加工圆弧轮廓。数控车床也可加工由任意平面曲线所组成的轮廓回转零件，既能加工可用方程描述的曲线，也能加工列表曲线。如果说车削圆柱零件和圆锥零件既可选用传统车床也可选用数控车床,那么车削复杂转体零件就只能使用数控车床。

(4)带一些特殊类型螺纹的零件 传统车床所能切削的螺纹相当有限,它只能加工等节距的直、锥面,公、英制螺纹,而且一台车床只限定加工若干种节距。数控车床不但能加工任何等节距直、锥面,公、英制和端面螺纹,而且能加工增节距、减节距,以及要求等节距、变节距之间平滑过渡的螺纹。数控车床加工螺纹时主轴转向不必像传统车床那样交替变换,它可以一刀又一刀不停顿地循环,直至完成,所以它车削螺纹的效率很高。数控车床还配有精密螺纹切削功能,再加上一般采用硬质合金成形刀片,以及可以使用较高的转速,所以车削出来的螺纹精度高、表面粗糙度小。可以说,包括丝杠在内的螺纹零件很适合于在数控车床上加工。

(5)超精密、超低表面粗糙度的零件 磁盘、录像机磁头、激光打印机的多面反射体、复印机的回转鼓、照相机等光学设备的透镜及其模具,以及隐形眼镜等要求超高的轮廓精度和超低的表面粗糙度值,它们适合于在高精度、高功能的数控车床上加工。以往很难加工的塑料散光用的透镜,现在也可以用数控车床来加工。超精加工的轮廓精度可达到 $0.1\mu m$,表面粗糙度可达 $0.02\mu m$。超精车削零件的材质以前主要是金属,现已扩大到塑料和陶瓷。

2. 数控车床的工艺装备

1)卡盘 液压卡盘是数控车削加工时夹紧工件的重要附件,对一般回转类零件可采用普通液压卡盘;对零件被夹持部位不是圆柱形的零件,则需要采用专用卡盘;用棒料直接加工零件时需要采用弹簧卡盘。图 5-12 所示为弹簧夹头卡盘。

2)尾座 对轴向尺寸和径向尺寸的比值较大的零件,需要采用安装在液压尾架上的活顶尖对零件尾端进行支撑,才能保证对零件进行正确的加工。尾架有普通液压尾架和可编程液压尾座。图 5-13 为数控车床的尾座。

图 5-12 数控车床弹簧夹头卡盘

图 5-13 数控车床尾座

3)刀架 刀架是数控车床非常重要的部件。数控车床根据其功能,刀架上可安装的刀具数量一般为 8 把、10 把、12 把或 16 把,有些数控车床可以安装更多的刀具。刀架的结构形式一般为回转式,刀具沿圆周方向安装在刀架上,可以安装径向车刀、轴向车刀、钻头、镗刀。车削加工中心还可安装轴向铣刀、径向铣刀。少数数控车床的刀架为直排式,刀具沿一条直线安装。图 5-14 所示为数控车床的刀架。

数控车床可以配备两种刀架。

(1)专用刀架 由车床生产厂商自己开发,所使用的刀柄也是专用的。这种刀架的优点是制造成本低,但缺乏通用性。

(2)通用刀架 根据一定的通用标准而生产的刀架,数控车床生产厂商可以根据数控车床的功能要求进行选择配置。

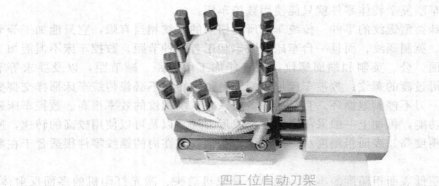

图 5-14　数控车床刀架

4）铣削动力头　数控车床刀架上安装铣削动力头可以大大扩展数控车床的加工能力。图 5-15 所示为车铣复合加工中心的动力头。

图 5-15　车铣复合加工中心的动力头

（三）工艺范围与分类

车床主要用于进行车削加工，在车床上一般可以加工各种回转表面，如内外圆柱面、圆锥面、成形回转表面及螺纹面等。在数控车床上还可加工高精度的曲面与端面螺纹。用的刀具主要是车刀、各种孔加工刀具（如钻头、铰刀、镗刀等）及螺纹刀具。车床主要用于加工各种轴类、套筒类和盘类零件上的回转表面。数控车床加工零件的尺寸精度可达 IT5～IT6，表面粗糙度可达 $1.6\mu m$ 以下。

数控车床的种类很多，各类卧式车床都有数控化的。数控车床主要可分为数控卧式车床、数控立式车床和数控专用车床（如数控凸轮车床、数控曲轴车床、数控丝杠车床等），或分为普通数控车床和车削加工中心。

1. 数控车床的特点与发展

（1）高精度　数控车床控制系统的性能不断提高，机械结构不断完善，机床精度日益提高。

（2）高效率　随着新刀具材料的应用和机床结构的完善，数控车床的加工效率、主轴转速、传动功率不断提高。使得新型数控车床的空转动时间大为缩短。其加工效率比卧式车床高 2～5 倍。加工零件形状越复杂，越能体现出数控车床的高效率加工特点。

（3）高柔性　数控车床具有高柔性，适应 70% 以上的多品种、小批量零件的自动加工。

（4）高可靠性　随着数控系统的性能提高，数控机床的无故障时间迅速提高。

（5）工艺能力强　数控车床既能用于粗加工又能用于精加工，可以在一次装夹中完成其全部或大部分工序。

（6）模块化设计　数控车床的制造多采用模块化原则设计。

现在数控车床技术还在不断向前发展着。随着数控系统、机床结构和刀具材料的技术发展，数控车床将向高速化发展。

除此以外，数控车床还向进一步提高主轴转速、刀架快速移动以及转位换刀速度，工艺和工序将更加复合化和集中化发展；数控车床向多主轴、多刀架加工方向发展；为实现长时间无人化全自动操作，数控车床向全自动化方向发展；机床的加工精度向更高方向发展。同时，数控车床也向简易型发展。

2. 数控车床的布局形式

数控车床布局形式受到工件尺寸、质量和形状，机床生产率，机床精度，操纵方便、运行安全与环境保护的要求的影响。

随着工件尺寸、质量和形状的变化，数控车床的布局可有卧式车床、落地式车床、单立柱立式车床、双立柱立式车床和龙门移动式立式车床的变化，如图5-16～图5-19所示。

图 5-16　数控卧式车床

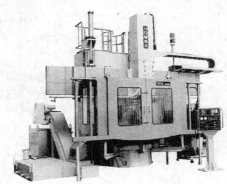

图 5-17　数控立式车床

图 5-18　数控车削加工中心

图 5-19　落地式车床

3. 数控卧式车床的结构组成

数控卧式车床主要加工轴类零件和直径不太大的盘类零件。它是应用数量最大的数控车床种类。图5-20所示为数控车床加工零件。

为了适应右手操作的习惯，主轴箱布置在左上部。图5-21所示为某数控车床外形与组成部件。

4. 数控车床的传动系统

数控车床的运动是通过传动系统实现的。为了认识和使用数控车床，必须对数控车床传动系统进行分析。TND360数控卧式车床的传动系统如图5-22所示。图中各传动元件是按

图 5-20　数控车床加工零件

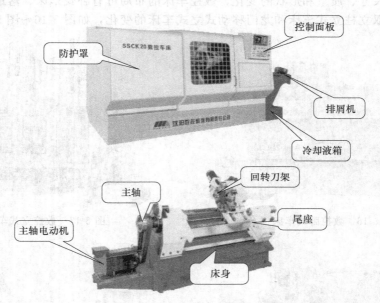

图 5-21　某数控车床外形与组成部件

照运动传递的先后顺序以展开图的形式画出来的。该图只表示传动关系，不表示各传动元件的实际尺寸和空间位置。

5. 主运动传动

数控车床主运动传动链的两端部件是主电动机与主轴，它的功用是把动力源（电动机）的运动及动力传递给主轴，使主轴带动卡盘夹持工件旋转实现主运动，并满足数控卧式车床主轴变速和换向的要求。

主运动传动由直流主轴伺服电动机（27kW）的运动经过齿数为 27/48 同步齿形带传动到主轴箱中的轴Ⅰ上。再经轴Ⅰ上双联滑移齿轮，经齿轮副 84/60 或 29/86 传递到轴Ⅱ（即主轴），使主轴获得高（800～3150r/min）、低（7～800r/min）两挡转速范围。在各转速范围内，由主轴伺服电动机驱动实现无级变速调速。

主轴的运动经过齿轮副 60/60 的传递到轴Ⅲ上，由轴Ⅲ经联轴器驱动圆光栅，圆光栅将主轴的转速信号转变为电信号送回数控装置，由数控装置控制实现数控车床上的螺纹切削加工。这种实现螺纹切削加工的方式与普通机床上通过齿轮传动是不相同的。它可

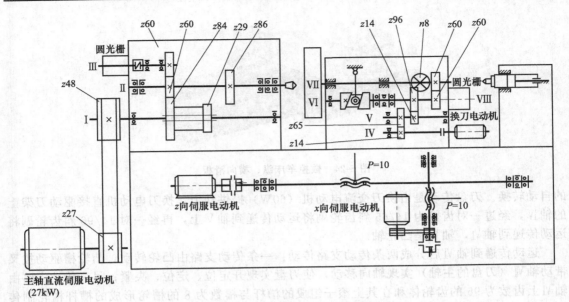

图 5-22 TND360 数控卧式车床的传动系统

实现：主轴 1 转移动 S mm（S 为导程）（进给轴 Z 轴或 X 轴）。图 5-23 所示为数控车床圆光栅原理图。

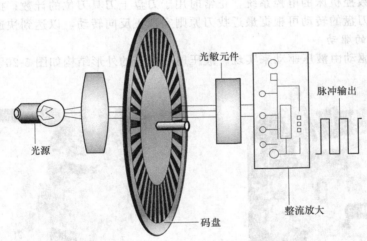

图 5-23 数控车床圆光栅原理图

6. 进给运动传动

进给运动传动是指机床上驱动刀架实现纵向（Z 向）和横向（X 向）运动的进给传动。在数控车床上，各轴都由直流伺服电动机直接驱动。

（1）纵向进给运动传动　纵向进给运动传动由纵向直流伺服电动机经过安全联轴器直接驱动滚珠丝杠螺母副驱动机床上的纵向滑板实现纵向运动。

（2）横向进给运动传动　横向进给运动传动是由横向直流伺服电动机通过齿数均为 24 的齿形带轮，经安全联轴器驱动滚珠丝杠螺母副，使横向滑板实现横向进给运动。图 5-24 所示为数控车床纵、横向滑板。

7. 刀盘传动

刀盘运动是指实现刀架上刀盘的转动和刀盘的开定位、定位与夹紧的运动，以实现刀具

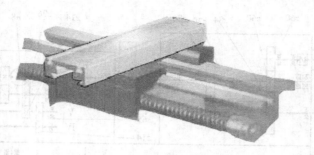

图 5-24　数控车床纵、横向滑板

的自动转换。刀盘传动是由换刀交流电动机（60W）提供动力，换刀电动机直接驱动刀架上的轴Ⅳ，经过一对齿数为 14/65 斜齿轮副将运动传递到轴Ⅴ上，再经一对 14/96 斜齿轮副将运动传递到轴Ⅵ，轴Ⅵ是凸轮轴。

运动传递到轴Ⅵ后分成两条传动支路传动：一条传动支路由凸轮转动，凸轮槽驱动拨叉带动轴Ⅶ（刀盘的主轴）实现轴向移动，使刀盘实现开定位、定位、夹紧；另一传动支路由轴Ⅵ上齿数为 96 的齿轮体和在其上滚子组成的槽杆与槽数为 8 的槽轮形成的槽杆槽轮副传动轴Ⅶ，实现轴Ⅵ转一转，轴Ⅶ转 45°的运动，这个运动完成刀盘的转动，实现刀具的换位。图 5-25 所示为数控车床刀盘转动结构。

轴Ⅶ的转动经一对齿数为 60/60 的齿轮副传到轴Ⅷ，再传到圆光栅。圆光栅将转动转换为脉冲信号送给数控机床的电控系统，正常时用于刀盘上刀具刀位的计数；撞刀时用于产生刀架报警信号。刀盘的转动可根据最近找刀原则实现正反向转动，以达到快速找刀的目的。

8. 尾座套筒的驱动

尾座套筒的驱动由液压驱动来实现。液压尾座套筒的外形结构如图 5-26 所示。

图 5-25　数控车床刀盘转动结构

图 5-26　液压尾座套筒的外形结构

9. 数控车床传动系统的主要结构

数控车床有三种运动传动机构系统。这就是数控车床的主运动传动系统、进给运动传动系统和辅助运动传动系统。每种传动系统的组成和特点各不相同，它们一起组成了数控车床的传动系统。

1）主轴箱　数控机床主轴箱是一个比较复杂的传动部件，表达主轴箱中各传动元件的结构和装配关系时常用展开图。展开图基本上是按传动链传递运动的先后顺序沿轴心线剖开，并展开在一个平面上的装配图。图5-27所示为数控机床主轴箱展开图。

在展开图中通常主要表示：

① 各种传动元件（轴、齿轮、带传动和离合器等）的传动关系；

② 各传动轴及主轴等有关零件的结构形状、装配关系和尺寸，以及箱体有关部分的轴向尺寸和结构。

要表示清楚主轴箱部件的结构，有时仅有展开图还是不能表示出每个传动元件的空间位置及其他机构（如操作机构、润滑装置等），因此，装配图中有时还需要必要的向视图及其他剖视图来加以说明。

2）主轴电动机 主轴电动机是采用直流主轴伺服电动机，无级调速，由安装在主电动机尾部的测速发电机实现速度反馈。它的额定转速为 2000r/min，最高转速为

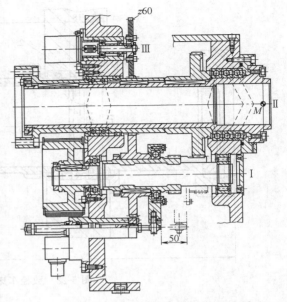

图 5-27 数控机床主轴箱展开图

4000r/min，最低转速为 35r/min。额定转速至最高转速之间为调磁调速，恒功率输出；最低转速至额定转速之间为调压调速，恒扭矩输出。恒功率调速范围为 2。

3）变速轴 变速轴（轴Ⅰ）是花键轴。左端装有齿数为 48 的同步齿形带轮，接受来自主电动机的运动。轴上花键部分安装有一双联滑移齿轮，齿轮齿数分别为 29（模数 $m=2mm$）和 84（模数 $m=2.5mm$）。29 齿轮工作时，主轴运转在低速区；84 齿轮工作时，主轴运转在高速区。

双联滑移齿轮为分体组合形式，上面装有拨叉轴承，拨叉轴承隔离齿轮与拨叉的运动。双联滑移齿轮由液压缸带动拨叉驱动，在轴Ⅰ上轴向移动，分别实现齿轮副 29/86、84/60 的啮合，完成主轴的变速。变速轴靠近带轮的一端是球轴承支承，外圈固定；另一端由长圆柱滚子轴承支承，外圈在箱体上不固定，以提高轴的刚度和降低热变形的影响。

4）主轴组件 数控车床的主轴是一个空心的阶梯轴。主轴的内孔用于通过长的棒料及卸下顶尖时穿过钢棒，也可用于通过气动、电动及液压夹紧装置的机构。主轴前端采用短圆锥法兰盘式结构，用于定位安装卡盘和拨盘。数控车床的主轴结构如图 5-28 所示。

主轴安装在两个支承上，这种主轴转速较高，要求的刚性也较高。所以前后支承都用角接触球轴承（可以承受径向力和轴向力）。前支承有三个一组的轴承，前面两个大口朝外（朝主轴前端），接触角为 25°；后面一个大口朝里，接触角为 14°。在前轴承 2 和轴承 3 的内圈之间留有间隙，装配时加压消隙，使轴承预紧，纵向切削力由前面两个轴承承受，故其接触角较大，同时也减少了主轴的悬伸量，并且前支承在箱体上轴向固定。

后支承为两个角接触球轴承，小口相对，接触角皆为 14°。这两个轴承用以共同担负支承的径向载荷。纵向载荷由前支承轴承承担，故后轴承的外圈轴向不固定，使得主轴在热变形时，后支承可沿轴向微量移动，减少热变形的影响。

主轴轴承都属超轻型。前后轴承都由轴承厂配好，成套供应，装配时无需修理调整。轴承精度等级相当于我国的 C 级。主轴轴承对主轴的运动精度及刚度影响很大，主轴轴承应在无间隙（或少量过盈）条件下进行运转，轴承中的间隙和过盈量直接影响到机床的加工精度。

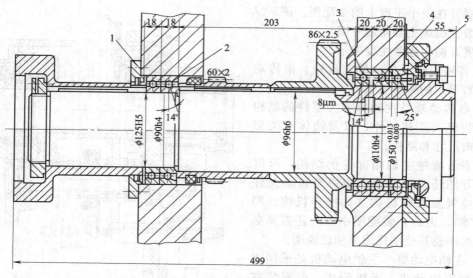

图 5-28　数控车床的主轴结构

　　主轴轴承间隙必须在适当的状态下，这就要进行间隙和过盈量调整。该轴的调整方法是：旋紧主轴尾部螺母，使其压紧托架，由托架压紧后支承的轴承，并压紧主轴上的齿轮（齿数为 60），推动齿轮（齿数为 86），压紧前支承轴承到轴肩上，从而达到调整前后轴承间隙和过盈量的目的。

　　最后旋紧调整螺母的锁紧螺钉。主轴轴承采用油脂润滑，迷宫式密封。主轴材料为 16MnCr5。前端的短圆锥面、法兰盘端面、装前后轴承和齿轮的轴颈和前孔皆淬硬至 55HRC，渗碳深 1mm。与主轴前后轴承相配合的轴颈公差都为 h4。与主轴前轴承配合的箱体孔为 ϕ150H5，与后轴承配合的箱体孔为 ϕ125H5。

　　主轴上装有两个圆柱齿轮，齿数为 86（模数 $m=2.5$mm）和 60（模数 $m=2$mm）。当 86 齿轮工作时，使主轴工作在低速区；当 60 齿轮工作时，使得主轴工作在高速区。齿轮的最高线速度为 9.9m/s，精度为 6 级，材料是 16MnCr5，渗碳深 0.3mm 淬硬至 60HRC。

　　5）检测轴　检测轴是阶梯轴，通过两个球轴承支承在轴承套中。它的一端装有齿数为 60 的齿轮，齿轮的材料为夹布胶木。另一端通过联轴器传动圆光栅。齿轮与主轴上齿数为 60 的齿轮相啮合，将主轴运动传到圆光栅上，圆光栅每转一圈发出 1024 个脉冲，该信号送到数控装置，使数控装置完成对螺纹切削的控制。

　　6）主轴箱　主轴箱的作用是支承主轴和支承主轴运动的传动系统，主轴箱材料为密烘铸铁。主轴箱使用底部定位面在床身左端定位，并用螺钉紧固。图 5-29 所示为数控车床主轴箱及车床整体结构。

（四）进给传动系统

1. 纵向滑板进给传动机构

纵向滑板（也称为 Z 向滑板，或 Z 向拖板，也称床鞍）装在床身的导轨上，它可以沿床身导轨作纵向移动。导轨的截面形状是三角形导轨和平面导轨的组合。在滑动导轨表面上

图 5-29　数控车床主轴箱及车床整体结构

涂有一层特殊的塑料层，动、静摩擦因数相接近，且摩擦因数小。为了防止由于切削力作用而使滑板颠覆，纵向滑板的前后装压板。压板与床身接触部分的表面上也涂有塑料层。在滑板导轨部分的端面上装有橡胶挡板，它用钢板和螺钉固定，当纵向滑板运动时，将床身导轨表面上的切屑、灰尘物刮掉，不使杂物进入到导轨表面之间，以减少导轨的磨损。

纵向滑板的传动系统是由纵向直流伺服电动机，经安全联轴器直接驱动滚珠丝杠螺母副，传动纵向滑板，使其沿床身上的纵向导轨运动。滚珠丝杠螺母副在数控车床采用了外循环式滚珠丝杠螺母。丝杠的导程为10mm，精度为3级，由于纵向丝杠较长，丝杠轴的两端采用了预拉伸支

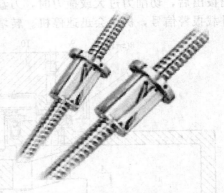

图 5-30　滚珠丝杠实物

承形式。丝杠的支承轴承为组合轴承。图 5-30 所示为滚珠丝杠实物。

2. 横向滑板进给传动机构

横向滑板通过矩形导轨安装在纵向滑板的上面，作横向进给运动。横向滑板的传动系统与纵向滑板传动系统相类似，但由于横向电动机的安装，所以在安全联轴器和直流伺服电动机之间增加了精密同步齿形传动，使机床的横向尺寸减小。横向滑板结构如图 5-31 所示。

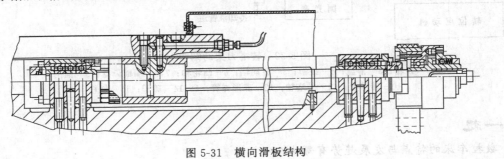

图 5-31　横向滑板结构

3. 转塔刀架

刀盘用于刀具的安装。刀盘的背面装有端面齿盘，用于刀盘的定位。转塔刀架的换刀机构是实现刀盘的开定位、转动换刀位、定位和夹紧的传动机构。要实现刀盘的转动换刀，就要使刀盘的定位机构脱开后才能进行转动。当转动到位后，刀盘要定位并夹紧，才能进行加工。

转塔刀架的换刀传动是由刀架电动机（交流、60W、带有制动器）提供动力。换刀运动传递路线是：刀架电动机经轴 Ⅰ，由齿轮传动副 14/65 驱动轴 Ⅱ，再经齿轮副 14/96 传动轴 Ⅲ，轴 Ⅲ 是凸轮轴，凸轮轴上的凸轮槽带动拨叉，由拨叉使轴 Ⅳ（刀盘主轴）实现纵向运动（开定位和定位夹紧）。

用拨叉将轴 Ⅳ 轴向移动，定位齿盘脱开（开定位）时，在轴 Ⅲ 上的齿轮 96 齿轮体与在它上面的短圆柱滚子组成的槽杆，驱动在轴 Ⅳ 上的槽轮（槽数 $n = 8$）转动，实现刀盘的转动。

当转位完成后，凸轮槽驱动拨叉，压动碟形弹簧，使轴 Ⅳ 轴向移动，实现刀盘的定位和夹紧。轴 Ⅲ 每转一转，刀盘转动一个刀位。刀盘的转动，经齿轮副 66/66 传到轴 Ⅴ 上的圆光栅。

由圆光栅将转位信号送至可编程控制器进行刀位计数。在加工时，当端面齿盘上的定位

销拔出后，切削力过大或撞刀时，刀盘会产生微量转动，这时圆光栅的转动信号就成为刀架过载报警信号，机床会迅速停机。转塔刀架的结构如图 5-32 所示。

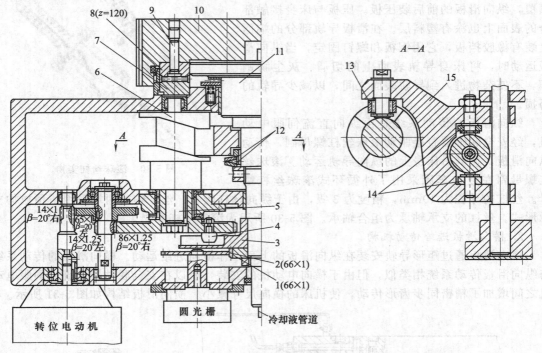

图 5-32　转塔刀架的结构

1,2—齿轮；3—槽盘；4—拨销；5—驱动轴；6—凸轮轴；7,8—端面齿盘；9—锥销；
10—转塔盘；11—转塔轴；12—碟形弹簧；13,14—磙子；15—杠杆

想一想

（1）数控车床的特点与发展趋势有哪些？
（2）数控车床的常用布局形式是什么？
（3）数控卧式车床的结构组成有哪些？
（4）PLC 用在数控车床上具有哪些优点？

做一做

1. 组织体系

每个班分为三个车床组，分别任命各组组长，负责对本组进行出勤、学习态度考核。

2. 实训地点

数控实训基地机床车间。

3. 实训步骤

（1）实验基地及工厂参观

感受数控车床所处的环境；

辨识各类不同数控车床的数控系统特点；

辨识数控车床上各类典型结构组成及功用；

辨认各种不同类型的数控车床；

辨识各种不同车床的产品加工。

（2）提出所需咨询内容

分组咨询，查询市场所用数控车床的常见类型。

（3）采用引导文的方式

讨论分析数控车床典型工作环境；

讨论分析数控车床的结构；

讨论分析各类数控车床典型结构的功能特点。

（4）采用头脑风暴法的方式

分析各类数控车床的结构及产品加工特点。

4. 实训总结

在教师的指导下总结数控车床各部分特点及加工零件的特征。掌握不同数控车床数控系统的组成、机械结构及各部分功用、伺服系统控制原理。

任务六 数控铣床的认知

一、能力目标

（一）知识要求
（1）掌握数控铣床的分类。
（2）掌握数控铣床的组成及各部分的功用。

（二）技能要求
（1）能现场认识数控铣床的分类及加工原理。
（2）会讲解数控铣床的组成及各部分的功用。

二、任务说明

能够了解工厂里常用的数控铣床数控系统，了解数控铣床的种类以及各类数控铣床加工产品的特点。

（一）教学媒体
多媒体教学设备、网络、数控实训基地机床。

（二）教学说明
在该任务中，教师应该提供大量涵盖各类数控铣的加工的视频，在观看这些视频的过程中，逐一解释相关的设备部件构成和加工零件工艺特点和适用条件，在此基础上，完成数控铣床分类的介绍。

（三）学习说明
反复观看网站中提供的相关视频资料，并通过网络查找相关类型数控铣床的资料，并查找到主流数控厂商和系统厂商有关铣床的资料，阅读相关数控铣床数控设备的技术参数和介绍。

三、相关知识

（一）数控铣床分类及组成

[拓展阅读之大国工匠]

数控铣床是一种加工功能很强的数控机床，目前迅速发展起来的加工中心、柔性加工单元等都是在数控铣床、数控镗床的基础上产生的，两者都离不开铣削方式。由于数控铣削工艺最复杂，需要解决的技术问题也最多，因此，人们在研究和开发数控系统及自动编程语言的软件系统时，也一直把铣削加工作为重点。

1. 数控铣床的分类

1）按主轴的位置分类

（1）数控立式铣床 图 6-1 所示为数控立式铣床。数控立式铣床在数量上一直占据数控铣床的大多数，应用范围也最广。从机床数控系统控制的坐标数量来看，目前 3 坐标数控立铣仍占大多数；一般可进行 3 坐标联动加工，但也有部分机床只能进行 3 个坐标中任意两个坐标联动加工（常称为 2.5 坐标加工）。此外，还有机床主轴可以绕 X、Y、Z 坐标轴中的其中一个或两个轴作数控摆角运动的 4 坐标和 5 坐标数控立铣。

（2）卧式数控铣床 图 6-2 所示为数控卧式铣床。与通用卧式铣床相同，其主轴轴线平行于水平面。为了扩大加工范围和扩充功能，卧式数控铣床通常采用增加数控转盘或万能数

图 6-1　数控立式铣床

图 6-2　数控卧式铣床

控转盘来实现 4 轴、5 轴坐标加工。这样，不但工件侧面上的连续回转轮廓可以加工出来，而且可以实现在一次安装中，通过转盘改变工位，进行"四面加工"。

（3）立卧两用数控铣床　图 6-3 所示为立卧两用数控铣床。目前这类数控铣床已不多见，由于这类铣床的主轴方向可以更换，能达到在一台机床上既可以进行立式加工，又可以进行卧式加工，而同时具备上述两类机床的功能，其使用范围更广，功能更全，选择加工对象的余地更大，且给用户带来不少方便。特别是生产批量小，品种较多，又需要立、卧两种方式加工时，用户只需买一台这样的机床就行了。

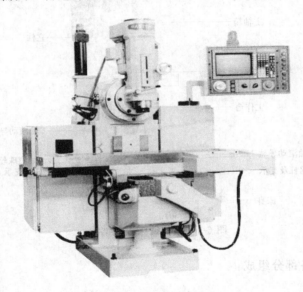

图 6-3　立卧两用数控铣床示意

2）按构造分类

（1）工作台升降式数控铣床　这类数控铣床采用工作台移动、升降，而主轴不动的方式。小型数控铣床一般采用此种方式。

（2）主轴头升降式数控铣床　这类数控铣床采用工作台纵向和横向移动，且主轴沿垂向溜板上下运动；主轴头升降式数控铣床在精度保持、承载重量、系统构成等方面具有很多优点，已成为数控铣床的主流。

（3）龙门式数控铣床　这类数控铣床主轴可以在龙门架的横向与垂向溜板上运动，而龙门架则沿床身作纵向运动。大型数控铣床，因要考虑到扩大行程、缩小占地面积及刚性等技术上的问题，往往采用龙门架移动式。图6-4所示为龙门式数控铣床。

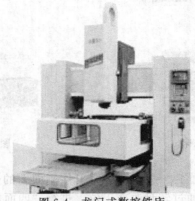

图 6-4　龙门式数控铣床

2. 数控铣床的结构

数控铣床的机械结构，除铣床基础部件外，如图6-5所示。

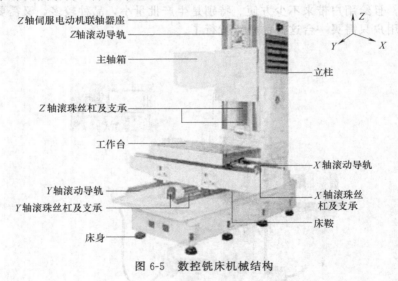

图 6-5　数控铣床机械结构

数控铣床由下列各部分组成：

① 主传动系统；

② 进给系统；

③ 实现工件回转、定位装置和附件；

④ 实现某些部件动作和辅助功能的系统和装置，如液压、气动、润滑、冷却等系统和排屑、防护等装置。

铣床基础件称为铣床大件，通常是指床身、底座、立柱、横梁、滑座、工作台等。它是整台铣床的基础和框架。铣床的其他零部件，或者固定在基础件上，或者工作时在它的导轨上运动。其他机械结构的组成则按铣床的功能需要选用。

3. 数控铣床的工作方式

与加工中心相比，数控铣床除了缺少自动换刀功能及刀库外，其他方面均与加工中心类同，也可以对工件进行钻、扩、铰、锪和镗孔加工与攻螺纹等，但它主要还是被用来对工件进行铣削加工，这里所说的主要加工对象及分类也是从铣削加工的角度来考虑的。

1）平面类零件　加工面平行、垂直于水平面或其加工面与水平面的夹角为定角的零件称为平面类零件，如图 6-6 所示。

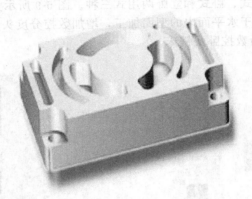

图 6-6　数控铣床加工的平面类零件

目前，在数控铣床上加工的绝大多数零件属于平面类零件。平面类零件的特点是，各个加工单元面是平面，或可以展开成为平面。平面类零件是数控铣削加工对象中最简单的一类，一般只需用 3 坐标数控铣床的两坐标联动就可以把它们加工出来。

2）变斜角类零件　图 6-7 所示为变斜角类零件。加工面与水平面的夹角呈连续变化的零件称为变斜角类零件，这类零件多数为飞机零件，如飞机上的整体梁、框、缘条与肋等，此外还有检验夹具与装配型架等。变斜角类零件的变斜角加工面不能展开为平面，但在加工中，加工面与铣刀圆周接触的瞬间为一条直线。最好采用 4 坐标和 5 坐标数控铣床摆角加工，在没有上述机床时，也可用 3 坐标数控铣床进行 3 坐标近似加工。

3）曲面类（立体类）零件　加工面为空间曲面的零件称为曲面类零件，如图 6-8 所示。

图 6-7　数控铣床加工的变斜角类零件

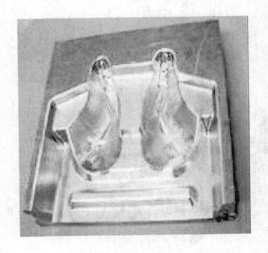

图 6-8　数控铣床加工的曲面类零件

零件的特点其一是加工面不能展开为平面；其二是加工面与铣刀始终为点接触。此类零件一般采用 3 坐标数控铣床。

（二）工艺范围与分类

1. 数控铣床的特点

数控铣床用途广泛，不仅可以加工各种平面、沟槽、螺旋槽、成形表面和孔，而且还能加工各种平面曲线和空间曲线等复杂型面，适合于各种模具、凸轮、板类及箱体类零件的加工。数控铣床通常分为立式、卧式和立卧两用式三种。图 6-9 所示为数控立式铣床。

卧式数控铣床主要用于水平面内的型面加工，增加数控分度头后，可在圆柱表面上加工曲线沟槽。图 6-10 所示为数控卧式铣床。

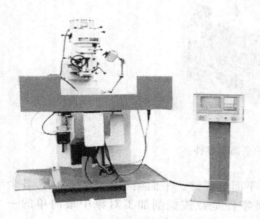

图 6-9　数控立式铣床

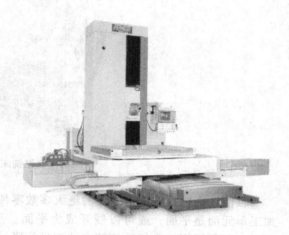

图 6-10　数控卧式铣床

立卧两用数控铣床既可以进行立式加工，又可以进行卧式加工，使用范围更大，功能更强，若采用数控万能主轴（主轴头可以任意转换方向），就可以加工出与水平面成各种角度的工件表面，若采用数控回转工作台，还能对工件实现除定位面外的五面加工。目前 3 坐标数控铣床占多数，可以进行 3 个坐标联动加工，还有相当部分的铣床采用两坐标半控制（即3 个坐标中的任意两个坐标联动加工）。另外附加一个数控回转工作台（或数控分度头）就

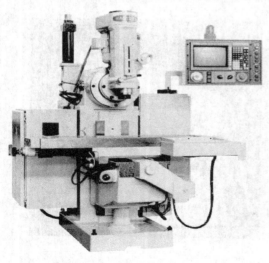

图 6-11　数控立卧两用式铣床

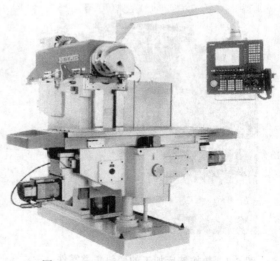

图 6-12　XKA5750 数控立式铣床外形

增加一个坐标，可扩大加工范围。图 6-11 所示为立卧两用数控铣床。

XKA5750 数控立式铣床是北京第一机床厂生产的带有万能铣头的立卧两用数控铣床，为机电一体化结构，三坐标联动，可以铣削具有复杂曲线轮廓的零件，如凸轮、模具、样板、叶片、弧形槽等零件。图 6-12 所示为 XKA5750 数控立式铣床外形。

2. 数控铣床的组成

图 6-13 所示为 XKA5750 数控立式铣床各部分名称。图中 1 为底座，5 为床身，工作台 13 由伺服电动机 15 带动在升降滑座 16 上作纵向（X 轴）左右移动；伺服电动机 2 带动升降滑座 16 作垂直（Z 轴）上下移动；滑枕 8 作横向（Y 轴）进给运动。

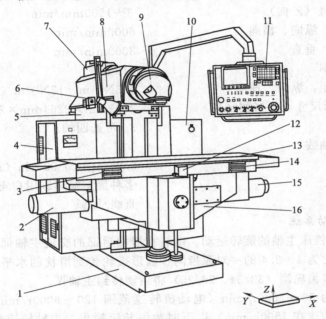

图 6-13　XKA5750 数控立式铣床各部分名称
1—底座；2—伺服电动机；3,14—行程限位挡铁；4—强电柜；
5—床身；6—横向限位开关；7—后壳体；8—滑枕；9—万
能铣头；10—数控柜；11—按钮站；12—纵向限位
开关；13—工作台；15—伺服电动机；16—升降滑座

用滑枕实现横向运动，可获得较大的行程。机床主运动由交流无级变速电动机驱动，万能铣头 9 不仅可以将铣头主轴调整到立式和卧式位置，而且还可以在前半球面内使主轴中心线处于任意空间角度。

机床的数控系统采用的是 AUTOCON TECH 公司的 DELTA40M CNC 系统，可以附加坐标轴增至四轴联动，程序输入/输出可通过软驱和 RS-232C 接口连接。主轴驱动和进给采用 AUTOCON 公司主轴伺服驱动和进给伺服驱动装置以及交流伺服电动机，其电动机机械特性硬，连续工作范围大，加减速能力强，可以使机床获得稳定的切削过程。

检测装置为脉冲编码器，与伺服电动机装成一体，半闭环控制，主轴有锁定功能（机床有学习模式和绘图模式）。电气控制采用可编程控制器和分立电气元件相结合的控制方式，使电动机系统由可编程控制器软件控制，结构件简单，提高了控制能力和运行可靠性。

3. 数控铣床的技术参数

工作台面积（宽×长）　　　　　　500mm×1600mm
工作台纵向行程　　　　　　　　　1200mm

滑枕横向行程	700mm
工作台垂直行程	500mm
主轴锥孔	ISO 50
主轴端面到工作台面距离	50～550mm
主轴中心线到床身立导轨面距离	28～728mm
主轴转速	50～2500r/min
进给速度：纵向（X向）	6～3000mm/min
横向（Y向）	6～3000mm/min
垂直（Z向）	3～1500mm/min
快速移动速度：纵向、横向	6000mm/min
垂直	3000mm/min
主轴电动机功率	11kW
进给电动机扭矩：纵向、横向	9.3N·m、13N·m（60W）
125W 机床外形尺寸（长×宽×高）	2393mm×2264mm×2180mm
控制轴数	3（可选四轴）
最大同时控制轴数	3
最小设定单位	0.001mm/0.0001in（1in＝0.0254m）
直线/圆弧	多种固定循环、用户宏程序
插补功能	直线/圆弧

4. 数控铣床传动系统

1）主运动　是铣床主轴的旋转运动。由装在滑枕后部的交流主轴伺服电动机驱动，电动机的运动通过速比为 1：2.4 的一对弧齿同步齿形带轮传到滑枕的水平轴 I 上，再经过万能铣头的两对弧齿锥齿轮副（33/34、26/25）将运动传到主轴 Ⅳ。

主轴转速范围为 50～2500r/min（电动机转速范围 120～6000r/min）。当主轴转速在 625r/min（电动机转速在 1500r/min）以下时为恒转矩输出。主轴转速在 625～1875r/min

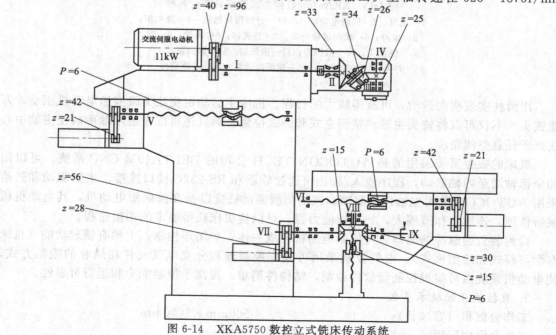

图 6-14　XKA5750 数控立式铣床传动系统

内为恒功率输出；超过 1875r/min 后输出功率下降，转速到 2500r/min 时，输出功率下降到额定功率的 1/3。图 6-14 所示为 XKA5750 数控立式铣床传动系统。

2）进给传动系统 工作台的纵向（X 向）进给和滑枕的横向（Y 向）进给传动系统，由交流伺服电动机通过速比为 1：2 的一对同步圆弧齿形带轮，将运动传动至导程为 6mm 的滚珠丝杠。

升降台的垂直（Z 向）进给运动为交流伺服电动机通过速比为 1：2 的一对同步齿形带轮将运动传到轴Ⅶ，再经过一对弧齿锥齿轮传到垂直滚珠丝杠上，带动升降台运动。

垂直滚珠丝杠上的弧齿锥齿轮还带动轴Ⅸ上的锥齿轮，经单向超越离合器与自锁器相连，防止升降台因自重而下滑。图 6-15 所示为 XKA5750 数控立式铣床工作台纵向传动机构。

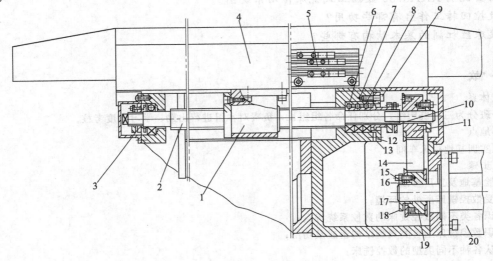

图 6-15 XKA5750 数控铣床工作台纵向传动机构

1,3,10—螺母；2—丝杠；4—工作台；5—限位挡铁；6～8—轴承；
9,15—螺钉；11,19—同步齿形带轮；12—法兰盘；13—垫片；14—同
步齿形带；16—外锥环；17—内锥环；18—端盖；20—交流伺服电动机

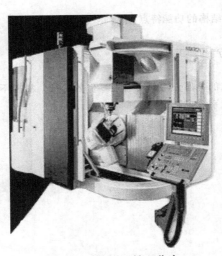

图 6-16 数控回转工作台

3）数控回转工作台　　数控回转工作台和数控分度头是数控铣床常用附件，可使数控铣床增加一个数控轴，扩大数控铣床功能。数控回转工作台适用于板类和箱体类工件的连续回转表面和多面加工；数控分度头用于在轴类、套类工件的圆柱面上和端面上的加工。数控回转工作台和数控分度头可通过接口由机床的数控装置控制，也可由独立的数控装置控制。图6-16 所示为数控回转工作台在零件加工中的使用情况。

想一想

（1）数控铣床分类有哪些？

（2）数控铣床各部分组成有哪些？

（3）简要说明 XKA5750 数控立式铣床传动系统图。

（4）数控回转工作台有哪些功用？

（5）滚珠丝杠副的基本结构有哪些？

做一做

1. 组织体系

　　每个班分为三个铣床组，分别任命各组组长，负责对本组进行出勤、学习态度考核。

2. 实训地点

　　数控实训基地机床车间。

3. 实训步骤

（1）实验基地及工厂参观

　　感受数控铣床所处的环境；

　　辨识各类不同数控铣床的数控系统特点；

　　辨识数控铣床上各类典型结构组成及功用；

　　辨认各种不同类型的数控铣床；

　　辨识各种不同铣床的产品加工。

（2）提出所需咨询内容

　　分组咨询，查询市场所用数控铣床的常见类型。

（3）采用引导文的方式

　　讨论分析数控铣床典型工作环境；

　　讨论分析数控铣床的结构；

　　讨论分析各类数控铣床典型结构的功能特点。

（4）采用头脑风暴法的方式

　　分析各类数控铣床的结构及产品加工特点。

4. 实训总结

　　在教师的指导下总结数控铣床的各部分特点及加工零件的特征。掌握不同数控铣床的数控系统的组成、机械结构及各部分功用、伺服系统控制原理。

任务七 数控加工中心的认知

一、能力目标

(一) 知识要求
(1) 掌握数控加工中心的分类。
(2) 掌握数控加工中心的组成及各部分的功用。

(二) 技能要求
(1) 能现场认识数控加工中心的分类及加工原理。
(2) 会讲解数控加工中心的组成及各部分的功用。

二、任务说明

能够了解工厂里常用的数控加工中心数控系统，了解数控加工中心的种类，以及各类数控加工中心加工产品的特点。

(一) 教学媒体
多媒体教学设备、网络、数控实训基地机床。

(二) 教学说明
在该任务中，教师应该提供大量涵盖各类数控加工中心的加工视频，在观看这些视频的过程中，逐一解释相关的设备部件构成和加工零件工艺特点和适用条件，在此基础上，完成数控加工中心分类的介绍。

(三) 学习说明
反复观看网站中提供的相关视频资料，并通过网络查找相关类型数控加工中心的资料，并查找到主流数控厂商和系统厂商有关加工中心的资料，阅读相关数控加工中心数控设备的技术参数和介绍。

三、相关知识

(一) 加工中心概述
加工中心机床又称多工序自动换刀数控机床。它主要是指具有自动换刀及自动改变工件加工位置功能的数控机床，能对需要做镗孔、铰孔、攻螺纹、铣削等作业的工件进行多工序的自动加工。有些加工中心机床总是以回转体零件为加工对象，如车削中心。但大多数加工中心机床是以非回转体零件为加工对象，其中较为常见具有代表性的是自动换刀卧式数控镗铣床。

1. 加工中心的特点
具有至少三个轴的点位/直线切削控制能力。现在已经应具有 3 个轴以上的连续控制能力，能进行轮廓切削。

具有自动刀具交换装置（ATC）。这是加工中心机床的典型特征，是多工序加工的必要条件。自动刀具交换装置的功能对整机加工效率有很大影响。

具有分度工作台和数控转台。后者能以很小的当量（如 $5'$/脉冲）任意分度。这种转动的工作台与卧式主轴相配合，对于工件的各种垂直加工面有最好的接近程度。主轴外伸少，改善了切削条件，也利于切屑处理。所以大多数加工中心机床都使用卧式主轴与旋转工作台来相配合，以便在一次装卡后完成各垂直面的加工。

除自动换刀功能外，加工中心机床具有选择各种进给速度和主轴转速的能力及各种辅助功能，以保证加工过程的自动化进行。此外还设有刀具补偿、固定加工循环、重复指令等功能以简化程序编制工作。现在加工中心机床的控制系统有的能够进行自动编程。

加工中心机床将零件加工的各分散工序集中在一起，在一次装卡后进行多工序的连续加工，从而提高了加工精度和加工效率，缩短生产周期。降低了加工成本，也减少了占地面积。加工中心机床对车间和加工工厂的计划调度以及管理也起了促进作用。此外，加工中心机床解决了刀具问题并具有高度自动化的多工序加工管理，它是构成柔性制造系统的重要单元。

2. 加工中心的分类

按加工范围分类常见的有车削加工中心、钻削加工中心、镗铣加工中心、磨削加工中心、电火花加工中心等。一般镗铣类加工中心简称加工中心。其余种类加工中心要有前面的定语。

按机床结构分类有立式加工中心、卧式加工中心和五面加工中心，有加工中心和柔性制造单元。

按数控系统分类有 2 坐标加工中心、3 坐标加工中心和多坐标加工中心，有半闭环加工中心和全闭环加工中心。

按精度分类可分为普通加工中心和精密加工中心。

3. 加工中心的高速化

加工中心的高速化，是指主轴转速、进给速度、自动换刀和自动交换工作台的高速化。

1) 主轴转速的高速化　20 世纪 80 年代初期的主轴最高转速为 4000～5000r/min。然而，这几年主轴最高转速又有了较大提高。近年来还开发出加工中心主轴用磁浮轴承，其主轴转速可达 30000～40000r/min。

实现加工中心主轴转速的超高速，主要采取了下列措施。

(1) 选用陶瓷轴承　陶瓷轴承是指轴承滚动体是用陶瓷材料制成，而内外圈则仍用轴承钢制造。陶瓷材料为 Si_3N_4。之所以选用陶瓷作为滚动体，主要是因为它具有如下特性：一是重量轻，是轴承钢的 40%；二是热胀系数低，是轴承钢的 25%；三是弹性模量大，是轴承钢的 1.5 倍。转速愈高，则由滚动体引起的离心力和惯性滑移也随之增高。选用陶瓷滚动体，就可大大减少离心力和惯性滑移，有利于进一步提高主轴转速。目前的问题是价格昂贵，且有关寿命、可靠性的实验数据尚不充分，还需要进一步试验和完善。但是，陶瓷轴承的优越性是不容置疑的，而且已经用于正式产品的加工中心上。

(2) 主轴轴承采用预紧量可调装置　以往预紧主轴轴承的方式是固定预紧量式的，结果由于轴承滚动体离心力的影响，主轴在低速区和高速区的刚性有差异；影响主轴在全转速范围内的稳定切削。尤其随着主轴转速的高速化，要实现低速时的高刚性和高速时的低发热，固定预紧量方式已不能满足其要求，于是出现了随着转速而自动改变轴承预紧量的结构。在低速区用活塞顶紧，实现高刚性固定预紧量方式；而在高速区则把活塞松开，只靠弹簧予以预紧，实现定压顶紧。

(3) 改进主轴轴承润滑、冷却方式　以往加工中心主轴轴承的润滑方式，大多采用油脂封入式润滑方式。但是这种润滑方式的转速有一定限度，为了适应主轴转速向高速化发展的需要，相继开发了新型润滑、冷却方式。

① 油气润滑方式。这种润滑方式有点像油雾润滑方式，但两者有原则区别。油气润滑是定时定量把油雾送进轴承空隙中，这样既实现了油雾润滑，又不至于因油雾太多，污染周围空气。而油雾润滑方式则是连续不断地供给油雾，使多余的油雾扩散在空气中，污染空

气，影响工人健康。

② 喷注润滑。这是近年开始采用的新型润滑方式。它用较大流量的恒温油喷注到主轴轴承上，以达到润滑冷却的目的。喷注的油雾不是自然回流，而是用2台排油泵强制排油。

2）进给速度的高速化 进给速度的高速化是指快速移动速度的高速化和切削进给速度的高速化。

（1）快速移动速度 由于近年来采用了32位微处理器、全数字智能伺服驱动方式以及先进的位置检测器（如高分辨率脉冲编码器），目前CNC装置所具有的最高进给速度有大幅度提高。

（2）切削进给速度的高速化 目前普遍采用的最高切削进给速度已达5～6m/min，个别的达到12m/min，也有与快速移动速度相同的。但是现在能实施高速进给切削的，仅限于直线切削。因为目前普遍使用的模拟伺服控制系统，在高速动作下不可能实现良好的多坐标联动，其结果是加工形状精度差。为避免此种缺陷，已开始使用具有良好的高速联动性能的数字伺服控制系统。

3）自动换刀的高速化 从加工中心诞生初期起，就追求换刀的高速化。但是由于当时尚未充分掌握自动换刀的内在规律，因而故障率较高。所以在后来的相当一段时间里，采取了首先保证动作可靠性，然后才考虑速度的方针，结果在这段时期，自动换刀速度未提高多少。但是，随着对自动换刀内在规律的深入了解和用户对自动换刀速度的要求迫切，又开始注意自动换刀速度了。作为高速换刀近年来采用凸轮联动式机械手，换刀速度可达0.9s。

4）自动托盘交换装置的高速化 自动托盘交换装置在交换时的移动速度最高已达40m/min，而其重复定位精度达3μm。

4. 加工中心的精度

加工中心的主要精度指标是它的运动精度指标。这一精度指标近年来有了不小的提高，其中精密加工中心精度指标的提高尤为明显。所谓加工中心的运动精度，主要以坐标定位精度、重复定位精度以及铣圆精度来表示。

（1）普通精度加工中心

坐标定位精度，从开始的±0.02mm/全行程提高到±0.005mm/全行程。

重复定位精度，从原来的±0.01mm提高到±0.002mm。

铣圆精度，铣直径200mm圆时，圆度由原来的0.03～0.04mm提高到0.02mm。

（2）精密加工中心

坐标定位精度从原来的±5μm/全行程，提高到现在的±(1.5～3)μm/全行程。实际达到的最高精度为±0.9μm/全行程。

重复定位精度从原来的±2μm，提高到现在的±1μm，实际达到的最高精度为0.7μm。

圆弧插补铣直径200mm圆时，圆度达到0.008～0.01mm。

5. 加工中心的其他发展方向

加工中心还向以下几方面发展。

① 愈来愈完善的自诊断功能。为了尽可能减少加工中的故障，现代加工中心大多配备完善的自诊断功能，如位置检测传感器、刀具破损检测装置、切削异常检测功能、适应控制功能、备用刀具选择功能、温度传感器、声传感器和电流传感器等。这些功能和传感器，使机床具有一定的人工智能。

② 新式刀具破损检测装置。大直径刀具破损检测方法已有好几种。但对小直径刀具破损，一直还没有找到比较理想的检测方法。直到近几年才出现一种称为声发射的检测方法。声发射检测方法是利用刀具在断裂瞬间发出的超声波来判断刀具破损的。尽管有不少加工中心中有这种装置，但其可靠性却还需进一步提高。声发生检测装置，只能在刀具发生破损时

才发现，而在刀具不破损之前是无法知道其工作情况的。为此还出现了在刀具即将破损之前就能检测出刀具工作情况的装置。它的工作原理是在正常切削时，切削力矩一定；而当将发生刀具破损时，力矩变大，被装在刀柄内的传感器所检测，经过故障性质判断装置进行判断，若还可以继续工作，就会发出改变转速和进给两个指令；如果再继续加工会折损刀具时就会报警，并停止主轴转动。

③ 加工中心复合化趋势。出现了五面加工中心、加工中心车削复合机、切削磨削复合加工中心、切削电加工复合中心和切削激光切割复合加工中心等。

6. 功能更趋完善的数控装置

（1）全数字伺服控制　全数字伺服控制又叫软件伺服控制，是当今数控基本技术中颇为引人注目的进步。数字伺服控制有如下特点：增益性的线性好；各轴增益可完全一致；可实现高分辨率和高刚性；无漂移。采用数字伺服控制可收到如下效果：即使在高速进给下铣圆其圆弧精度也可很高；正转、反转铣圆，形状仍然一致；象限交换处的突起小；重现性极好。

（2）数控装置加工中心的性能　它在很大程度上取决于数控系统的性能，所以不断开发数控系统，使其技术在各方面有了很大的发展。

① 开发出相对高精度、高速度、高效率要求的数控装置。原来的16位计算机数控系统已经发展为32位数控系统，以提高运算速度。脉冲当量除原来的外，还有 $0.1\mu m$ 和 $0.01\mu m$ 的。

② 系统化：随着柔性制造单元的推广，要求把控制机器人、测量、上下料等功能纳入到 CNC 内。

③ 多机能、复合化：开发出适应五面加工、多主轴复合加工等复合机床控制要求的数控装置。

（3）网络化　数控装置应能成为工厂自动化的一个组成部分，能够和其他设备进行协调控制和信息交换。用户要求意向化，由标准产品生产方式转向能充分发挥机床特性的按订货要求生产的方式。内装人机对话型自动程序编制功能就是其中一例。

（4）MAP 的利用　柔性制造系统技术发展的最新特点是：从发展大型柔性制造系统转向小型化，有点近似于柔性制造单元规模的柔性制造系统，但它们又具有良好的扩展性，这是着眼于经济效益和实用性的缘故；向更高级控制技术产品计划应用方向发展。

（二）加工中心的特点及组成

1. 加工中心的分类

加工中心常按主轴在空间所处的状态分为立式加工中心和卧式加工中心，加工中心的主轴在空间处于垂直状态的称为立式加工中心，如图7-1所示。主轴在空间处于水平状态的称为卧式加工中心，如图7-2所示。主轴可作垂直和水平转换的，称为立卧式加工中心或五面加工中心，也称复合加工中心。按加工中心立柱的数量分有单柱式和双柱式（龙门式），如图7-3所示。

按加工中心运动坐标数和同时控制的坐标数分，有三轴二联动、三轴三联动、四轴三联动、五轴四联动、六轴五联动等。三轴、四轴是指加工中心具有的运动坐标数，联动是指控制系统可以同时控制运动的坐标数，从而实现刀具相对工件的位置和速度控制。

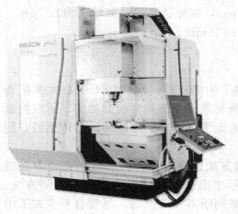

图7-1　立式加工中心

图 7-2 卧式加工中心

图 7-3 单柱式和双柱式加工中心

按工作台的数量和功能分，有单工作台加工中心、双工作台加工中心和多工作台加工中心。

按加工精度分有普通加工中心和高精度加工中心。普通加工中心分辨率为 $1\mu m$，最大进给速度 $15\sim25m/min$，定位精度 $10\mu m$ 左右。高精度加工中心分辨率为 $0.1\mu m$，最大进给速度为 $15\sim100m/min$，定位精度为 $2\mu m$ 左右。介于 $2\sim10\mu m$ 之间的，以 $\pm5\mu m$ 较多，可称精密级。

2. 加工中心的结构组成

图 7-4 所示为加工中心实物，加工中心自问世至今已有 30 多年，世界各国出现了各种类型的加工中心，虽然外形结构各异，但从总体来看主要由以下几大部分组成。

（1）基础部件 它是加工中心的基础结构，由床身、立柱和工作台等组成，它们主要承受加工中心的静载荷以及在加工时产生的切削负载，因此必须要有足够的刚度。这些大件可以是铸铁件也可以是焊接而成的钢结构件，它们是加工中心中体积和重量最大的部件。

图 7-4 加工中心实物

（2）主轴部件 由主轴箱、主轴电动机、主轴和主轴轴承等零件组成。主轴的启、停和变速等动作均由数控系统控制，并且通过装在主轴上的刀具参与切削运动，是切削加工的功率输出部件。

（3）数控系统 加工中心的数控部分由 CNC 装置、可编程控制器、伺服驱动装置以及操作面板等组成。它是执行顺序控制动作和完成加工过程的控制中心。

（4）自动换刀系统 由刀库、机械手等部件组成。当需要换刀时，数控系统发出指令，由机械手（或通过其他方式）将刀具从刀库内取出装入主轴孔中。

（5）辅助装置 包括润滑、冷却、排屑、防护、液压、气动和检测系统等部分。这些装置虽然不直接参与切削运动，但对加工中心的加工效率、加工精度和可靠性起着保障作用，因此也是加工中心中不可缺少的部分。

3. 加工中心的结构特点

① 机床的刚度高、抗振性好。为了满足加工中心高自动化、高速度、高精度、高可靠性的要求，加工中心的静刚度、动刚度和机械结构系统的阻尼比都高于普通机床（机床在静态力作用下所表现的刚度称为机床的静刚度，在动态力作用下所表现的刚度称为机床的动刚度）。

② 机床的传动系统结构简单，传递精度高，速度快。加工中心传动装置主要有三种，即滚珠丝杠副，静压蜗杆-蜗母条，预加载荷双齿轮-齿条。它们由伺服电动机直接驱动，省去齿轮传动机构，传递精度高，速度快。一般速度可达 15m/min，最高可达 100m/min。

③ 主轴系统结构简单，无齿轮箱变速系统（特殊的也只保留 1~2 级齿轮传动）。主轴功率大，调速范围宽，并可无级调速。

目前加工中心 95% 以上的主轴传动都采用交流主轴伺服系统，速度为 10~20000r/min 无级变速。驱动主轴的伺服电动机功率一般都很大，是普通机床的 1~2 倍，由于采用交流伺服主轴系统，主轴电动机功率虽大，但输出功率与实际消耗的功率保持同步，不存在大马拉小车那种浪费电力的情况，因此其工作效率最高，从节能角度看，加工中心又是节能型的设备。

④ 加工中心的导轨都采用了耐磨损材料和新结构，能长期保持导轨的精度，在高速重切削下，保证运动部件不振动，低速进给时不爬行及运动中的高灵敏度。导轨采用钢导轨、淬火硬度≥60HRC，与导轨配合面用聚四氟乙烯贴层。

这样处理的优点是：摩擦因数小；耐磨性好；减振消声；工艺性好。所以加工中心的精度寿命比一般的机床高。

⑤ 设置有刀库和换刀机构。这是加工中心与数控铣床和数控镗床的主要区别，使加工中心的功能和自动化加工的能力更强了。加工中心的刀库容量少的有几把，多的达几百把。这些刀具通过换刀机构自动调用和更换，也可通过控制系统对刀具寿命进行管理。

⑥ 控制系统功能较全。它不但可对刀具的自动加工进行控制，还可对刀库进行控制和管理，实现刀具自动交换。有的加工中心具有多个工作台，工作台可自动交换，不但能对一个工件进行自动加工，而且可对一批工件进行自动加工。这种多工作台加工中心有的称为柔性加工单元。

随着加工中心控制系统的发展，其智能化的程度越来越高，如 FANUC 16 系统可实现人机对话、在线自动编程，通过彩色显示器与手动操作键盘的配合，还可实现程序的输入、编辑、修改、删除，具有前台操作、后台编辑的前后台功能。加工过程中可实现在线检测，检测出的偏差可自动修正，保证首件加工一次成功，从而可以防止废品的产生。

4. 加工中心的主要加工对象

加工中心适宜于加工复杂、工序多、要求较高、需用多种类型的普通机床和众多刀具夹具，且经多次装夹和调整才能完成加工的零件。其加工的主要对象有箱体类零件、复杂曲面、异形件、盘套板类零件和特殊加工等五类。图 7-5 所示为 DMG DMC 70H 卧式加工中心实物。

图 7-5　DMG DMC 70H 卧式加工中心实物

（1）箱体类零件 箱体类零件一般是指具有一个以上孔系，内部有型腔，在长、宽、高方向有一定比例的零件。这类零件在机床、汽车、飞机制造等行业用得较多。图 7-6 所示为箱体类零件。

箱体类零件一般都需要进行多工位孔系及平面加工，公差要求较高，特别是形位公差要求较为严格，通常要经过铣、钻、扩、镗、铰、锪，攻螺纹等工序，需要刀具较多，在普通机床上加工难度大。

工装套数多，费用高，加工周期长，需多次装夹、找正，手工测量次数多，加工时必须频繁地更换刀具，工艺难以制定，更重要的是精度难以保证。

加工箱体类零件的加工中心，当加工工位较多，需工作台多次旋转角度才能完成的零件，一般选卧式镗铣类加工中心。当加工的工位较少，且跨距不大时，可选立式加工中心，从一端进行加工。

（2）复杂曲面 复杂曲面在机械制造业特别是航天航空工业中占有特殊重要的地位。复杂曲面采用普通机加工方法是难以甚至无法完成的。在我国，传统的方法是采用精密铸造，可想而知其精度是低的。复杂曲面类零件如各种叶轮、导风轮、球面、各种曲面成形模具、螺旋桨以及水下航行器的推进器，还有一些其他形状的自由曲面。图 7-7 所示为叶轮零件实物。

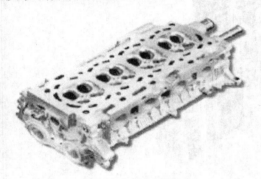

图 7-6 箱体类零件

图 7-7 叶轮零件实物

这类零件均可用加工中心进行加工，铣刀作包络面来逼近球面。复杂曲面用加工中心加工时，编程工作量较大，大多数要有自动编程技术。

（3）异形件 异形件是外形不规则的零件，大都需要点、线、面多工位混合加工。异形件的刚性一般较差，夹压变形难以控制，加工精度也难以保证，甚至某些零件的有些加工部位用普通机床难以完成。用加工中心加工时应采用合理的工艺措施，一次或二次装夹，利用加工中心多工位点、线、面混合加工的特点，完成多道工序或全部的工序内容。

（4）盘、套、板类零件 带有键槽或径向孔，或端面有分布的孔系，曲面的盘套或轴类零件，如带法兰的轴套，带键槽或方头的轴类零件等，还有具有较多孔加工的板类零件，如各种电机盖等。端面有分布孔系、曲面的盘类零件宜选择立式加工中心，有径向孔的可选卧式加工中心。

（5）特殊加工 在熟练掌握了加工中心的功能之后，配合一定的工装和专用工具，利用加工中心可完成一些特殊的工艺工作，如在金属表面上刻字、刻线、刻图案；在加工中心的主轴上装上高频电火花电源，可对金属表面进行线扫描表面淬火；用加工中心装上高速磨头，可实现小模数渐开线圆锥齿轮磨削及各种曲线、曲面的磨削等。

5. 加工中心的附件

① 链式刀库，如图 7-8 所示。

② 盘式刀库，如图 7-9 所示。

图 7-8　链式刀库实物

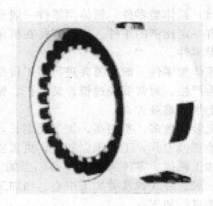

图 7-9　盘式刀库实物

③ 交换工作台，如图 7-10 所示。

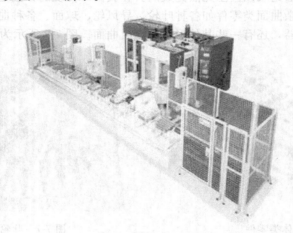

图 7-10　交换工作台实物

（三）立式加工中心

中、小型立式加工中心适用于扁平类、盘类、模具等零件的多品种小批量生产。大型立式加工中心也是主要用于扁平类零件加工，也可进行箱体加工。立式加工中心加工主要问题是排屑问题，由于切屑不能自行滑落，影响加工质量和刀具寿命。现在往往采用大流量高压切削液冲刷工件表面排屑。

1. 立式加工中心基本布局结构形式

立式加工中心的布局形式是多种多样的，按立柱结构可分为单柱型和龙门型（双柱型）；按刀库的刀套轴线方向可分为水平刀库和垂直刀库式。不同的结构有不同的优缺点及适用范围。图 7-11～图 7-13 所示为各种加工中心。图 7-14～图 7-16 所示为各种刀库。

2. JCS-018 立式加工中心

这种小型立式加工中心适用于扁平类、盘类、模具等零件的多品种小批量生产，也可加工小型箱体类零件。工件一次安装可自动连续完成铣、钻、镗、铰、攻螺纹等多种工序。机床外形如图 7-17 所示。

在床身 1 的后部装有固定的框式立柱 15；主轴箱 5 在立柱导轨上作升降运动（X 轴）；滑座 9 在床身前部作横向前后运动（Y 轴）、工作台 8 在滑座上作纵向运动。自动换刀装置刀库 6 和机械手 7 装在立柱左侧前部，其后部装 FANUC 数控柜 16，立柱右侧面装有驱动电柜 3（伺服装置等）。

图 7-11　单柱型加工中心

图 7-12　卧式加工中心

图 7-13　龙门型加工中心

图 7-14　加工中心垂直刀库

图 7-15　加工中心垂直链式刀库

图 7-16　加工中心斗笠式刀库

3. 主要机械结构

（1）主轴箱　图 7-18 所示为主轴箱的结构。无级调速交流主轴电动机经二级塔形带轮 11 和 3 直接拖动主轴。带轮传动比为 1∶2 和 1∶1。主轴转速低速时（带轮传动比为 1∶2）为 22.5～2250r/min，高速时（带轮传动比为 1∶1）为 45～4500r/min。主轴前支承为三个

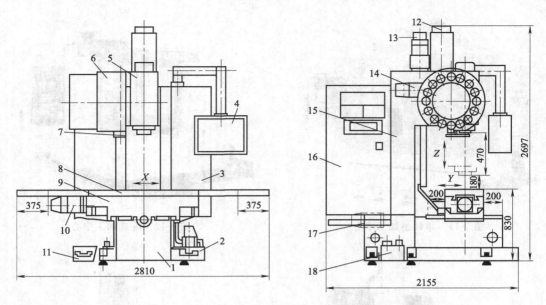

图 7-17　JCS-018 立式加工中心外形

1—床身；2—冷却液箱；3—驱动电柜；4—操纵面板；5—主轴箱；6—刀库；7—机械手；8—工作台；9—滑座；
10—X 轴伺服电动机；11—切削箱；12—主轴电动机；13—Z 轴伺服电动机；14—刀库电动机；15—立柱；
16—数控柜；17—Y 轴伺服电动机；18—润滑油箱

向心推力球轴承，前面两个大口朝下，后面一个大口朝上。液压使活塞 8 下移，推拉杆 2 下移。钢球进入主轴后锥孔上部的环形槽内，把刀杆放开。当机械手把刀杆从主轴中拔出后，压缩空气通过活塞的和拉杆的中孔，把主轴锥孔吹净。

行程开关 9 和 10 用于发出夹紧和放松刀杆的信号。刀杆夹紧机构用弹簧夹紧，液压放松，以保证在工作中如果突然停电，刀杆不会自行松脱。

夹紧时，活塞 8 下端的活塞杆端与拉杆 2 的上端部之间有一定的间隙为 4mm，以防止主轴旋转时端面摩擦。

（2）主轴电动机　数控机床要求主轴的最大输出扭矩为 200N·m。这时带轮的传动比为 1:2。故电动机的最大输出扭矩应为 100N·m。为此选择了 12 型交流主轴电动机。这种电动机在 30min 过载运转时的最大输出扭矩为 95.5N·m，功率为 15kW；长期运转时的最大输出扭矩为 70N·m，功率为 11kW。但是，机床要求的主轴最大输出功率为 7.5kW（30min）和 5.5kW（连续运转）。因此，所选电动机虽然可以基本满足扭矩要求，但功率却比需要的大一倍。

这种电动机在 1500～4500r/min 时为恒功率输出。因此，电动机的计算转速应为 1500r/min。此时最大输出功率分别为 15kW 和 11kW。图 7-19 所示最大输出功率仅为上述的一半，即 7.5kW 和 5.5kW，故计算转速也可下降一半，为 750r/min。相应地，当主轴带轮传动比为 1:2 时的计算转速为 375r/min，最大输出扭矩分别为 191N·m 和 140N·m。图 7-19 中，实线为电动机的特性，虚线为主轴的特性。

电动机的最大输出功率为 7.5kW，该机床选用了多联 V 带。这种 V 带有双联和三联两种，每种都有 3 种不同的截面，如图 7-20 所示。这种 V 带是一次成形，不会因长度不一致而受力不均，因而承载能力比多根 V 带（截面积之和相同）高。同样的承载能力，多联 V 带的截面积比多根 V 带小，因而重量较轻，耐挠曲性能高，允许的带轮最小直径小，线速度高。

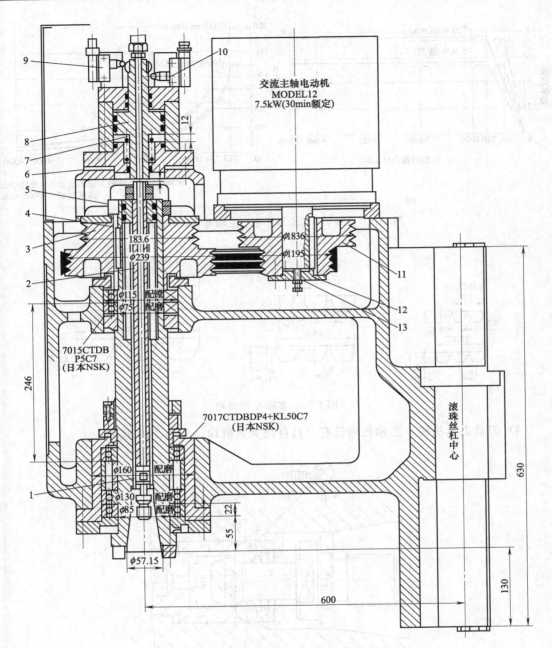

图 7-18 JCS-018 立式加工中心主轴箱结构

1—拉钉；2—拉杆；3,11—带轮；4—碟形弹簧；5—锁紧螺母；6—调整垫；7—螺旋弹簧；8—活塞；
9,10—行程开关；12—端盖；13—调整螺钉

（3）主轴前支承　在加工中心和卧式镗铣床中，常用 D 级精度的双列向心短圆柱滚子轴承和双列推力向心球轴承。由于这种轴承发热较多，有时还需配备一套润滑油的恒温装置，成本较高。考虑到 JCS-018 机床是一台小型加工中心，最大径向铣削力约为 3500N，最大轴向切削力约为 13000N，且转速较高，故采用三套一组的向心推力球轴承，油脂润滑。实验表明，主轴组件的综合静刚度为 230N/μm。在主轴以 4000r/min 时连续运转达到热平衡（1.5h）时的温升为 14℃。成本也较低。

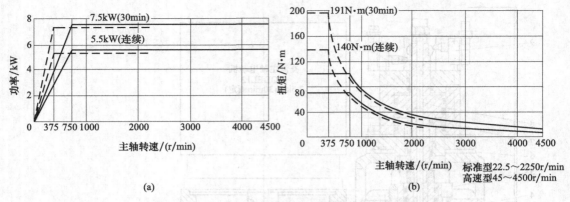

图 7-19　JCS-018 立式加工中心主轴电动机特性图

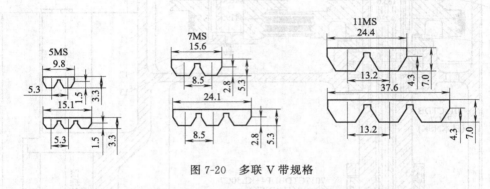

图 7-20　多联 V 带规格

（4）刀具夹紧机构　主轴孔内设有刀具自动夹紧机构，如图 7-21 所示。

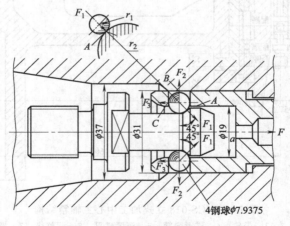

图 7-21　主轴刀具夹紧机构原理

　　如图 7-18 所示，数控机床采用锥柄刀具，锥柄的尾端安装有拉钉 1，有拉杆 2 通过 4 个 5/16in 的钢球拉住拉钉 1 的凹槽，使刀具在主轴轴锥孔孔内定位及夹紧。拉紧力由碟形弹簧 4 产生。碟形弹簧共有 34 对 68 片。

　　组装后压缩 20mm 时，弹力为 10kN，压缩 28.5mm 时为 13kN。拉紧刀具的拉紧力等于 10kN。换刀时，活塞 8 的行程为 12mm，前进约 4mm 后，它开始推动拉杆 2，直到钢球进入主轴锥上部的 $\phi37$mm 环槽。

这时钢球已不能约束拉钉的头部。拉杆继续下降，拉杆的口面与拉钉的顶端接触，把刀具从主轴锥孔中推出。

行程开关 10 发出信号，机械手即可将刀具取出。修磨调整垫 6 就可保证当活塞的行程到达终点时拉杆的 a 面与拉钉的顶端接触。

活塞 8 推动拉杆把刀具推出，行程约为 8mm。故活塞 8 的最大推力应为 13kN 加弹簧 7 的弹力。在 10kN 拉紧力作用下 4 个钢球与拉钉锥面、主轴孔表面、钢球所在孔表面的接触应力是相当大，因此对这些部位的材料及表面硬度要求很高。

图 7-21 所示为 1 个钢球在 A、B、C 3 点的受力情况。大的接触应力将使接触面产生塑性变形。因此，有的加工中心采用 5 个钢球。还有的采用另一种卡爪式拉紧机构。

4 个钢球所在孔应在同一平面内，该平面应与拉紧杆头部的轴线垂直。这是为了保证各钢球受力的一致性。

(5) 滚珠丝杠 北京数控设备厂生产的 15 型伺服电动机经锥环无键连接、十字滑块联轴器驱动滚珠丝杠。十字滑块联轴器的十字滑块（联轴环）材料为青铜。这种联轴器可以补偿电动机轴与丝杠中心的径向偏移量，但两轴不应有较大的角度位移，即应保证两轴的平行度。为了减少传动间隙，两半联轴器的槽宽比其配合的十字滑块凸台宽，单边最大间隙各为 0.03mm，这一间隙可通过数控系统的间隙补偿予以消除，如图 7-22 所示。

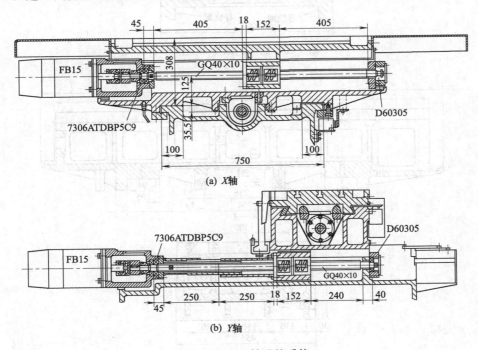

(a) X轴

(b) Y轴

图 7-22 XY轴进给系统

滚珠丝杠直径为 40mm，导程为 10mm。左支承为成对的向心推力球轴承，背靠背安装，大口向外，承接径向和双向轴向载荷。日本公司的型号 7306，精度为 P5，相当于我国的 D 级。预紧力约为 1000N。右支承为 1 个 1360305 型向心球轴承，外圈轴向不定位，仅承受径向载荷。这样的设计结构简单。丝杠升温向右膨胀。但其轴向刚度比两端轴向固定方式低。

伺服进给系统为半闭环。当数控装置为 FANUC-6M 系统时，电动机轴端安装脉冲编码器作为位置反馈元件，同时也作为速度环的速度反馈元件。数控装置为 FANUC-7CM 系统时，采用旋转变压器作为位置检测器，测速发电机为速度环的速度反馈元件。旋转变压器按数字相位检测方式工作。旋转变压器的分解精度为每转 2000 脉冲，由电动机轴到旋转变压器的升速比为 5∶1，滚珠丝杠导程 10mm，因此检测分辨率为 0.001mm。

（6）立柱、床身和工作台　　图 7-23 所示为它们的结构。通常的机床立柱为封闭的箱形结构，如图 7-24 所示。立柱承受两个方向的弯矩和扭矩，故其截面形状近似地取为正方形。立柱的截面尺寸较大，内壁设置有较高的竖向筋和横向环形筋，刚度较大。

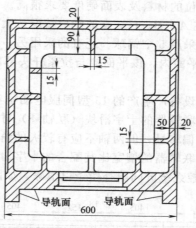

图 7-23　立柱、床身和工作台

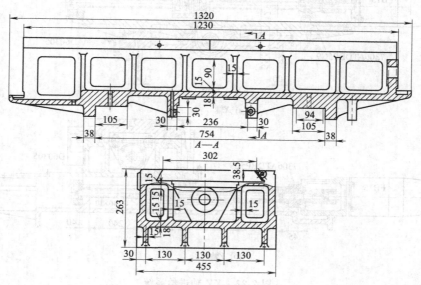

图 7-24　工作台滑座

常用加工中心是在工作台不升降式铣床的基础上设计的，滑座如图 7-24 所示。工作台与滑座之间为燕尾形导轨，丝杠位于两导轨的中间。

滑座与床身之间为矩形导轨。工作台与滑座之间、滑座与床身之间，以及立柱与主轴箱间的动导轨面上，皆贴氟化乙烯导轨板。两轴以机床的最低进给速度运动时，皆无爬行现象发生。

氟化乙烯导轨板的润滑性良好，对润滑油的供油量要求不高，因此，机床只用了间隙式润滑泵供油。每次泵油量为 1.5～2.5mL，泵油一次需 7.5min。润滑油由油泵通过油管送到各润滑点。润滑点的管接头内有单向阀和节流小孔，节流小孔的直径小于 1mm。管接头有几种节流小孔直径不同的规格。单向阀用于当油泵停止泵油时防止导轨间的润滑油被挤回油管。根据润滑点到油泵的距离不同（管路中阻力不同）、导轨位置不同（水平和竖直）、形状不同（平面和圆柱面等），可适当选择不同规格的管接头，以保证各润滑点的供油量基本一致。

（7）自动换刀装置　自动换刀装置安装在立柱的左侧上部，由刀库和机械手两部分组成。圆盘式刀库见图 7-25（a），由直流伺服电动机 1、十字滑块联轴器 2、蜗杆 3、蜗轮 8 带动圆盘 7 和盘上的 20 个刀套 6 旋转。

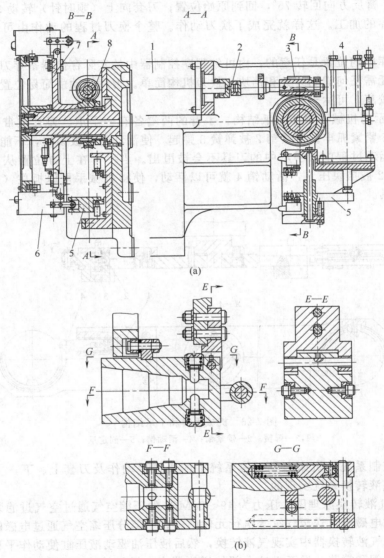

图 7-25　圆盘式刀库

1—直流伺服电动机；2—十字滑块联轴器；3—蜗杆；4—气缸；5—拨叉；6—刀套；7—圆盘；8—蜗轮

刀套在刀库上处于水平位置，但主轴是立式的。因此，应使处于换刀位置（刀库圆盘 7 的最下位置）的刀套旋转 90°，使刀头向下。实现这个动作靠气缸 4。气缸 4 的活塞杆带动拨叉 5 上移。在剖视图中可以看到，最下面的一个刀套 6 右尾部的滚子正好进入拨叉 5 上升使刀套连同刀具逆时针方向旋转90°。使刀头向下。刀套的构造见图7-25（b）。在右上角的图中可以看到锥孔尾部有两个球头销钉，后有弹簧，用以夹住刀具。刀套旋转90°后刀具不会下落。刀套顶部的滚子用以在刀套处与水平位置时支承刀套。

换刀动作过程如下：在机床加工时，刀库预先按程序中的刀具指令，将准备换的刀具转到换刀位置；加工完毕时按换刀指令，将刀套逆时针转动90°，当主轴箱上升到换刀位之后，手臂回转75°，两个手爪分别抓住主轴和刀套中的刀具；主轴中的刀具自动夹紧机构放松；手臂下降，将主轴和刀套中的刀具拔出；手臂回转180°；手臂上升，将新刀插入主轴中，旧刀插入刀套；刀具自动夹紧机构夹紧主轴中的刀具，刀套中的刀具被球弹簧销钉（图7-21）夹住；手臂反方向回转75°，回到原始位置；刀套向上（顺时针）转动90°，同时机床开始下一道工序的加工。这样就完成了换刀动作。整个换刀过程的动作由可编程序控制器控制。

刀具在刀库中的位置是任意的，由可编程序控制器中的实际存储器寄存刀具编号，故刀套（或刀柄）无需任何识别开关和挡块，换刀机构简单。刀库转动由简易位置控制器控制定位，定位精度较高，可达±0.1°。

图7-26所示为机械手臂和手爪结构。手臂的两端各有一手爪。刀具被带弹簧1的活动销4和固定爪5紧紧抓牢。锁紧销2被弹簧3弹起，使活动销4被锁位，不能后退，这就保证了在机械手运动过程中，手爪中的刀具不会被甩出。当手臂在上方位置从初始位置转过75°时，锁紧销2被挡块压下，活动销4就可以活动，使得机械手可以抓住（或放开）主轴和刀套中的刀具。

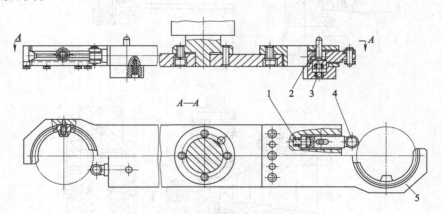

图7-26　机械手臂和手爪结构

1,3—弹簧；2—锁紧销；4—活动销；5—固定爪

（8）气液控制系统　机床刀具交换系统中的机械手动作及刀套上、下，主轴松刀等动作，都是依靠气液转换系统实现的。

图7-27为气液转换原理图，压力为49～68MPa的压缩空气通过空气过滤装置后，一部分压缩空气通过电磁阀，送至气缸等执行元件中去；一部分压缩空气通过电磁阀和管路，送至执行元件前的气液转换器中实现气液转换，然后液压油驱动液压缸使动作平稳；另一部分压缩空气经电磁阀和管路，送至立柱上部的增压器内，转换输出53MPa的液压油，驱动液压缸实现松刀动作。这种气液交换系统的优点是：反应速度快，可实现快速换刀。

（四）卧式加工中心

卧式加工中心适用于箱体形零件、大型零件的加工。卧式加工中心工艺性能好，工件的安装方便，利用工作台和回转工作台可以加工四个面或多面，并能进行掉头镗孔和铣削。

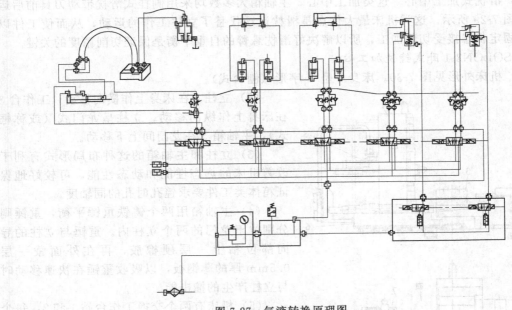

图 7-27 气液转换原理图

1. 卧式加工中心的布局

(1) 立柱不动式 工作台实现两个方面的进给，刚性差，往往用于小型、经济型卧式加工中心，如图 7-28 所示。

(2) 立柱移动式 立柱移动式卧式加工中心大体又可分为以下两类。

① 立柱 Z 向进给运动，X 向运动由工作台或交换工作台进行，利于提高床身和工作台的刚性，立柱进给时，有利于保证对加工孔的直线性和平行性。当采用双立柱时，主轴中心线位于两立柱之间，受力时不影响精度，主轴中心线能避免因发热而产生的变形。这种布局形式近年来采用得比较多。

② 立柱双向移动式，即立柱安装在十字拖板上，进行 Z 向及 X 向运动，适用于大型工件加工。立柱移动式卧式加工中心的最大优点就是工作台能够适应不同的工件进行柔性组合，它可以用长工作台和圆工作台，也可用交换工作台，由于机床的前后床身可以分离，故甚至在加工大型工件时，不安置工作台也可以，特别适合组成柔性制造系统和柔性制造单元。

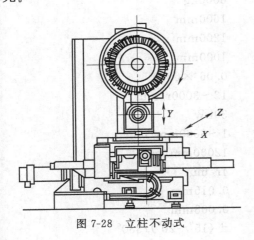

图 7-28 立柱不动式

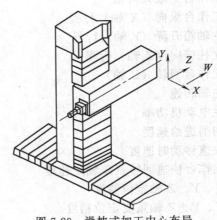

图 7-29 滑枕式加工中心布局

（3）滑枕式加工中心　这类加工中心，主轴箱大多数均采用侧挂式滑枕带动刀具前后运动，如图 7-29 所示。这类机床最大优点是滑枕运动代替了立柱工作的运动，从而使工件以良好的固定状态接受切削加工，所以解决好滑枕悬臂的自重平衡是保证切削精度的关键。

2. SOLON3-1 卧式镗铣加工心

（1）机床外形见图 7-30。床身 6 呈 T 字形（刨台式）。

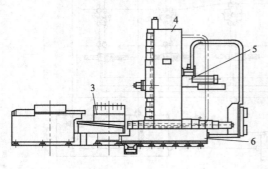

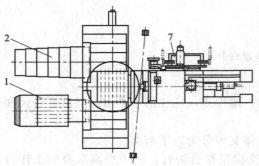

图 7-30　SOLON3-1 卧式镗铣加工中心布局
1,2—交换工作台；3—工作台；4—立柱；
5—主轴箱；6—床身；7—链式刀库

（2）立柱 4 在床身上作横向移动。工作台 3 在床身上作纵向移动。立柱呈龙门式（或称框式），主轴箱 5 在龙门间上下移动。

（3）立柱和主轴箱的这种布局形式有利于改善机床的热态性能和动态性能，可较好地保证箱体类工件要求镗孔时孔的同轴度。

（4）主轴箱用两个铸铁重锤平衡，重锤则分别位于龙门的两个立柱内。重锤与立柱的导向部位粘上一层硬橡胶，再在外面蒙一层0.5mm 厚的薄钢板，以吸收重锤在快速移动时与立柱产生的撞击能。

（5）机床有两个交换工作台站 1 和 2，每个交换工作台站上可安放一个交换工作台，两个交换工作台轮换使用。其中一个交换工作台被送到机床上对其上的工件进行加工时，另一个交换工作台则送回到其工作站上装卸工件，以节省辅助时间，提高机床的使用率。机床有链式刀库 7，刀库可容纳 60 把刀。刀库是一个独立组件，安装在立柱侧边的基础上。机床所有的直线运动导轨都采用单元滚动体导轨支承，用封闭密封性好的拉板防护。整个工作区由防护板和门窗密封，以防止冷却液和切屑向外飞溅。切屑与冷却液由排屑装置搜集，经处理后，切屑排出，切削液回收过滤，循环使用。

3. 主要参数

工作台面尺寸	1000mm×1000mm
工作台上最大荷重	6000kg
工作台纵向（X 轴）行程	1600mm
主轴箱升降（Y 轴）行程	1200mm
立柱横向（Z 轴）行程	1000mm
工作台回转（B 轴）	$0.06°×6000$
主轴转速	12～3000r/min
主电动机功率	30kW
切削进给速度	1～6000mm/min
快速移动时速度	12000mm/min
工作台快速回转（B 轴）速度	4r/min
X、Y、Z 轴定位精度	0.015mm
X、Y、Z 轴重复定位精度	0.008mm
工作台回转（B 轴）定位精度	$±(15''～20'')/360°$

刀库容量（把）	125 把
刀具最大直径	60mm
相邻空位	300mm
单头镗刀	400mm
刀具最大长度	400mm
刀具最大质量	25kg
机床轮廓尺寸（长×宽×高）	7665mm×5800mm×4100mm
机床质量	29300kg
占地面积（长×宽）	8265mm×8850mm

4. 主要结构

（1）主轴箱　主轴箱展开图如图 7-31 所示。主运动由 SIEMENS 公司生产的 30kW 直流调速电动机驱动，经三级齿轮变速时主轴获得 12～3000r/min，齿轮箱变速由三位液压缸驱动第三轴上的滑移齿轮实现。主轴变速箱三级转速的传动比为：1：1.03、1：2.177、1：7.617，其级比分别为 2.09 和 3.5，互不相等。主电动机恒功率调速范围为 1350～3150r/min，调速比为 1：2.33；恒扭矩调速范围为 156～1350r/min，调速比为 1：8.65。由于级比不等，使得高、中速区之间有重合，中、低转速区有较大的缺口。在缺口处电动机的最大输出功率仅为 20kW。主电动机与第Ⅰ轴之间用齿轮联轴器连接。该联轴器由三件组成：内齿轮、外齿轮和由增强尼龙 1011 材料制成的中间连接件。中间连接件的内、外圆加工出齿，插入联轴器的另两件——内、外齿轮中。主轴箱内全部齿轮都是斜齿轮。除滑移齿轮和其啮合的有关齿轮的螺旋角为 10°，其余均为 15°。各中心距均圆整成整数，因此各个齿轮都经变位，以保证中心距。

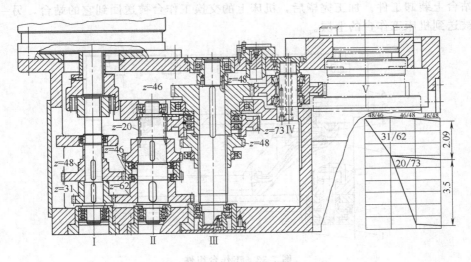

图 7-31　主轴箱展开图

主轴箱由相关油泵作循环润滑。主轴是一个独立的组件，如图 7-32 所示，外套与箱体孔为热压配合。拆卸时往配合面的凹槽 1 内打入高压油。两端配合孔有 5mm 的直径差，因此产生一轴向推力，可以方便地将主轴组件拆下。主轴轴承采用 4 个超轻型向心推力球轴承，成对反向安装。

修磨中间隔套 2 的长度可以调整轴承的预紧程度。轴承采用油脂润滑。主轴组件的精度有较大储备量，径向跳动仅允许 2μm，主轴锥孔为 ISO 50。

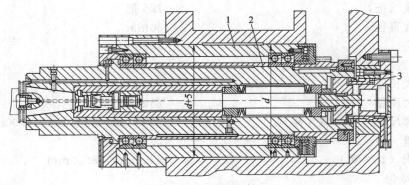

图 7-32　主轴箱组件
1—凹槽；2—中间隔套；3—活塞

孔内有刀具夹紧机构。夹紧靠一组碟形弹簧，夹紧力可达 15000N，由主轴后部液压缸的活塞 3 压缩碟形弹簧，将刀具松开并推出。

（2）工作台　工作台组件的构造原理如图 7-33 所示。工作台由三层组成。下层 1 沿前床身导轨移动，采用单元滚动体导轨。中层 3 是回转工作台，采用塑凹轨副。回转工作台的回转运动是数控的。伺服电动机经双蜗杆蜗轮副和齿轮副传动回转工作台。采用圆光栅作位置反馈，其分度精度较低，为 $\pm(15'' \sim 20'')$，为了保证调头镗孔的精度，在工作台 0°、90°、180° 与 270°4 个位置采用无接触式电磁差动传感器作精定位，定位精度可达 $\pm 2''$，上层是交换工作台 6，机床前方有两个交换工作台站。每个工作台站上可安放一个交换工作台。当其中一个交换工作台被运到机床工作台的上层，对其上的工件进行加工时，另一个交换工作台留在其站台上装卸工件。加工完毕后，机床上的交换工作台被送回到它的站台，另一个交换工作台被送到机床工作台的上层。

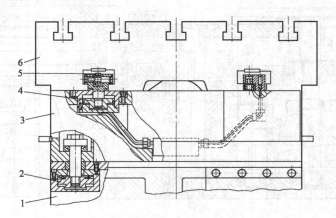

图 7-33　工作台组件
1—下层；2—液压缸；3—中层；4—活塞；5—滚子；6—交换工作台

（五）加工中心的分类

加工中心又称多工序自动换刀数控机床。它把铣削、镗削、钻削等功能集中在一台设备上，一次装夹可以完成多个加工要素的加工。根据加工中心的结构和功能，有以下几种分类形式。

1. 按工艺用途分类

（1）镗铣加工中心　镗铣加工中心是机械加工行业应用最多的一类加工设备。其加工范围主要是铣削、钻削和镗削，适用于箱体、壳体以及各类复杂零件特殊曲线和曲面轮廓的多工序加工，适用于多品种小批量加工。

（2）钻削加工中心　钻削加工中心的加工以钻削为主，刀库形式以转塔头为多。适用于中小零件的钻孔、扩孔、铰孔、攻螺纹等多工序加工。

（3）车削加工中心　车削加工中心以车削为主，主体是数控车床，机床上配备有转塔式刀库或由换刀机械手和链式刀库组成的刀库。机床数控系统多为二、三轴伺轴配制，即 X、Z、C 轴，部分高性能车削中心配备有铣削动力头。

（4）复合加工中心　在一台设备上可以完成车、铣、镗、钻等多工序加工的加工中心称为复合加工中心，可代替多台机床实现多工序加工。这种方式既能减少装卸时间提高生产效率，又能保证和提高形位精度。复合加工中心多指五面复合加工中心，它的主轴头可自动回转，进行立卧加工。

2．按主轴特征分类

（1）立式镗铣加工中心　立式加工中心的主轴垂直放置，它能完成铣削、镗削、钻削、攻螺纹等多工序加工。立式加工中心多为三轴联动，可实现三维曲面的铣削加工。高档加工中心可以实现五轴、六轴控制。立式加工中心适宜加工高度尺寸较小的零件。

（2）卧式镗铣加工中心　卧式加工中心的主轴水平放置，一般卧式加工中心由 3～5 个坐标轴控制，通常配备一个旋转坐标轴（回转工作台）。卧式加工中心适宜加工箱体类零件，一次装夹可对工件的多个面加工，特别适合孔与定位基面或孔与孔之间有相对位置要求的箱体零件加工。

（六）加工中心机械结构构成

典型加工中心的机械结构主要由基础支承件、加工中心主轴系统、进给传动系统、工作台交换系统、回转工作台、刀库及自动换刀装置以及其他机械功能部件组成。图 7-34 所示为 H400 加工中心结构。

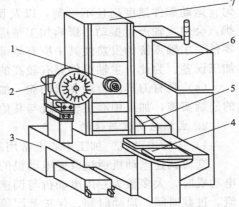

加工中心基础支承件是指床身、立柱、横梁、工作台、底座等结构件，它构成了机床的基本框架。基础支承件对加工中心各部件起支承和导向作用，因而要求基础支承件具有较高的刚性、较高的固有频率和较大的阻尼。主轴系统为加工中心的主要组成部分，它由主轴电动机、主轴传动系统以及主轴组件组成。

图 7-34　H400 加工中心结构
1—主轴系统；2—刀库；3—床身；
4—工作台交换系统；5—进给系统；
6—控制系统；7—立柱

和常规机床主轴系统相比，加工中心主轴系统要具有更高的转速、更高的回转精度以及更高的结构刚性和抗振性。加工中心进给驱动机械系统直接实现直线或旋转运动的进给和定位，对加工的精度和质量影响很大，因此对加工中心进给系统的要求是运动精度、运动稳定性和快速响应能力。

根据工作要求，回转工作台通常分成两种类型，即数控转台和分度转台。数控转台在加工过程中参与切削，相当于进给运动坐标轴；分度转台只完成分度运动，主要要求分度精度和在切削力作用下位置保持不变。为了在一次安装后能尽可能多地完成同一工件不同部位的加工要求，并尽可能减少加工中心的非故障停机时间，数控加工中心通常具有自动换刀装置、刀库和自动托盘交换装置。对自动换刀装置的基本要求主要是结构简单、功能可靠、交换迅速。其他机械功能部件主要指冷却、润滑、排屑和监控装置。

由于加工中心生产效率极高，并可长时间实现自动化加工，因而冷却、润滑、排屑等问题比常规机床更为突出。大切削量的加工需要强力冷却和及时排屑。大量冷却和润滑液的作用还对系统的密封和泄漏提出更高的要求，从而导致半封闭、全封闭结构机床的实现。

（七）加工中心主轴系统

1. 对加工中心主轴系统的要求

加工中心主轴系统是加工中心成形运动的重要执行部件之一，它由主轴动力、主轴传动、主轴组件等部分组成。由于加工中心具有更高的加工效率、更宽的使用范围、更高的加工精度，因此，它的主轴系统必须满足如下要求。

（1）具有更大的调速范围并实现无级变速　加工中心为了保证加工时能选用合理的切削用量，从而获得最高的生产率、加工精度和表面质量，同时还要适应各种工序和各种加工材料的加工要求，加工中心主轴系统必须具有更大的调速范围，目前加工中心主轴系统基本实现无级变速。

（2）具有较高的精度与刚度、传动平稳、噪声低　加工中心加工精度与主轴系统精度密切相关。主轴部件的精度包括旋转精度和运动精度。旋转精度指装配后，在无载和低速转动条件下主轴前段工作部位的径向和轴向跳动值。主轴部件的旋转精度取决于部件中各个零件的几何精度、装配精度和调整精度。运动精度指主轴在工作状态下的旋转精度，这个精度通常和静止或低速状态的旋转精度有较大的差别，它表现在工作时主轴中心位置的不断变化，即主轴轴心漂移。运动状态下的旋转精度取决于主轴的工作速度、轴承性能和主轴部件的平衡。静态刚度反映了主轴部件或零件抵抗静态外载的能力。加工中心多采用抗弯刚度作为衡量主轴部件刚度的指标。影响主轴部件弯曲刚度的因素很多，如主轴的尺寸形状，主轴轴承的类型、数量、配置形式、预紧情况、支承跨距和主轴前端的悬伸量等。

（3）良好的抗振性和热稳定性　加工中心在加工时，由于断续切削、加工余量大且不均匀、运动部件速度高且不平衡，以及切削过程中的自振等原因引起的冲击力和交变力的干扰，会使主轴产生振动，影响加工精度和表面粗糙度，严重时甚至破坏刀具和主轴系统中的零件。主轴系统的发热使其中所有零部件产生热变形，破坏相对位置精度和运动精度，造成加工误差。为此，主轴组件要有较高的固有频率，保持合适的配合间隙并进行循环润滑等。

（4）具有刀具的自动夹紧功能　加工中心突出的特点是自动换刀功能。为保证加工过程的连续实施，加工中心主轴系统与其他主轴系统相比，必须具有刀具自动夹紧功能。

2. 主轴电动机与传动

1）主轴电动机　加工中心上常用的主轴电动机为交流调速电动机和交流伺服电动机。交流调速电动机通过改变电动机的供电频率可以调整电动机的转速。加工中心使用该类电动机时，大多数为专用电动机与调速装置配套使用，电动机的电参数（工作电流、过载电流、过载时间、启动时间、保护范围等）与调速装置一一对应。主轴驱动电动机的工作原理与普通交流电动机相同。为便于安装，其结构与普通的交流电动机不完全相同。交流调速电动机制造成本较低，但不能实现电动机轴在圆周任意方向的准确定位。交流伺服主轴电动机是近几年发展起来的一种高效能的主轴驱动电动机，其工作原理与交流伺服进给电动机相同，但其工作转速比一般的交流伺服电动机要高。交流伺服电动机可以实现主轴在任意方向上的定位，并且以很大转矩实现微小位移。用于主轴驱动的交流伺服电动机的电功率通常在十几千瓦至几十千瓦之间，其成本比交流调速电动机高出数倍。

2）主轴传动系统　低速主轴常采用齿轮变速机构或同步带构成主轴的传动系统，从而达到增强主轴的驱动力矩，适应主轴传动系统性能与结构的目的。图 7-25 所示为 VP1050 加工中心的主轴传动结构。该加工中心采用日本 FANUC-0MC 数控系统。结构主轴转速范围为 10～4000r/min。当滑移齿轮 3 处于下位时，主轴在 10～1200r/min 间实现无级变速。

当数控加工程序要求较高的主轴转速时，PLC 根据数控系统的指令，主轴电动机自动实现快速降速，在主轴转速低于 10r/min 时，滑移齿轮 3 开始向上滑移，当达到上位时，主轴电动机开始升速，使主轴转速达到程序要求的转速。反之亦然。

主轴变速箱由液压系统控制，变速箱滑移齿轮的位置由液压缸驱动，通过改变三位四通换向阀的位置改变液压缸的运动方向。三位四通换向阀具备中位锁定机能。当变速箱滑移齿轮移动完成后，由行程开关发出变速动作完成信号，数控系统 PLC 发出控制信号，切断相应的电磁铁电源，三位四通换向阀恢复为中间状态，锁定变速齿轮位置，同时机床操作面板上以 LED 指示灯显示机床主轴处于"高速"或"低速"的状态。

V400 能力型加工中心主轴转速范围为 0～3000r/min，主轴电动机采用主轴交流调速电动机，传动采用同步带实现。同步带根据齿形不同可分为梯形齿同步带和圆弧齿同步带。梯形齿同步带由于根部有应力集中，而且在速度较高时会产生较大的振动和噪声，不适于主运动传动；圆弧齿同步带克服了梯形齿同步带的缺点，均化了应力，改善了啮合，因此在加工中心中得到了优先选用。

主轴功率为 3～10kW 的加工中心多用节距为 5mm 和 8mm 的圆弧齿同步带，型号为 5M 或 8M。高速主轴要求在极短时间内实现升降速，在指定位置快速准停，这就要求主轴具有很高的角加减速度。通过齿轮或传动带这些中间环节，常常会引起较大振动和较大噪声，而且增加了转动惯量。为此将主轴电动机与主轴合而为一，制成电主轴，实现无中间环节的直接传动，是主轴高速单元的理想结构。目前高速主轴已商品化，如瑞士 IBAG 主轴制造厂生产的主轴单元，其转速可达到 12000～80000r/min；美国 Precise 公司研制的 SC40/120 主轴，最高主轴转速达到 120000r/min。

3. 加工中心主轴组件

主轴组件由主轴、主轴支承、装在主轴上的传动件和密封件组成。图 7-36 为 V400（H400）加工中心主轴组件。主轴前端有 7：24 的锥孔，用于装夹 BT40 刀柄或刀杆。主轴端面有一端面键，既可通过它传递刀具的扭矩，又可用于刀具的周向定位。主轴的主要尺寸参数包括主轴的直径、内孔直径、悬伸长度和支承跨距。评价和考虑主轴主要尺寸参数的依据是主轴的刚度、结构工艺性和主轴组件的工艺适用范围。主轴材料的选择主要根据刚度、载荷特点、耐磨性和热处理变形大小等因素确定，主轴材料常采用的有 45 钢、GCr15 等，需经渗氮和感应加热淬火。

加工中心的主轴支承形式很多，如 VP1050 主轴（图 7-35）前支承采用四个向心推力球轴承，后支承采用一个向心球轴承，这种支承结构主轴的承载能力较强，且能适应高速的要求。主轴支承前端定位，主轴受热向后伸长，能较好地满足精度需要，只是支承较复杂，主轴轴承调整困难。V400 加工中心（图 7-36）由于主轴转速较低，主轴承受的负荷小，故采用了简化设计。主轴前后支承各采用 1 个向心推力球轴承组成主轴的支承体系，支承结构简单，安装调整方便。主轴轴承在定购时，可以选择

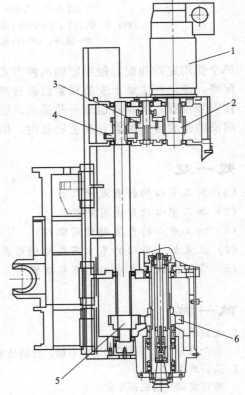

图 7-35　VP1050 加工中心主轴传动结构
1—主轴驱动电动机；2,5—主动齿轮；
3—滑移齿轮；4,6—从动齿轮

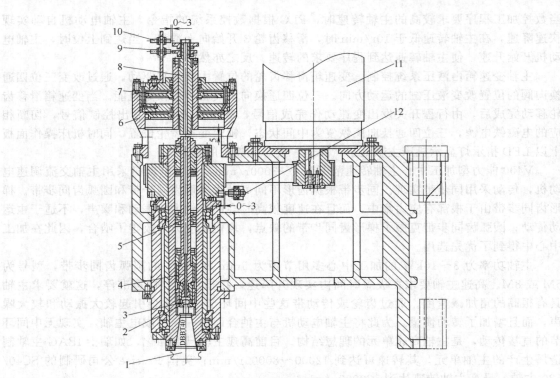

图 7-36　V400（H400）加工中心主轴传动结构

1—刀柄；2—抓刀爪；3—内套；4—拉杆；5—碟形弹簧；6—气缸；7—活塞；8—压杆；
9—撞块；10—行程开关；11—主轴电动机；12—接近开关

单个使用定购和配对使用定购两种方式。配对使用定购时供应商将配对使用的轴承内、外环配磨，使之在主轴上安装预紧后具有规定的轴向过盈量。配对使用轴承在主轴圆周方向的最佳安装位置，供应商也应一并标出，以满足主轴安装后的工作性能要求。主轴轴承采用特殊润滑油脂润滑，油脂封在主轴套内，用户一般不许更换。

想一想

（1）加工中心的特点是什么？

（2）加工中心的分类有哪些？

（3）加工中心的发展趋势有哪些？

（4）立式加工中心的基本布局结构形式有哪些？

（5）常用卧式加工中心的布局有哪些？

做一做

1. 组织体系

每个班分为三个数控加工中心组，分别任命各组组长，负责对本组进行出勤、学习态度考核。

2. 实训地点

数控实训基地机床车间。

3. 实训步骤

（1）实验基地及工厂参观

感受数控加工中心所处的环境；

辨识各类不同数控加工中心的数控系统特点；

辨识数控加工中心上各类典型结构组成及功用；

辨识各种不同类型的数控加工中心；

辨识各种不同加工中心的产品加工。

（2）提出所需咨询内容

分组咨询，查询市场所用数控加工中心的常见类型。

（3）采用引导文的方式

讨论分析数控加工中心典型工作环境；

讨论分析数控加工中心的结构；

讨论分析各类数控加工中心典型结构的功能特点。

（4）采用头脑风暴法的方式

分析各类数控加工中心的结构及产品加工特点。

4. 实训总结

在教师的指导下总结数控加工中心的各部分特点及加工零件的特征。掌握不同数控加工中心数控系统的组成、机械结构及各部分功用、伺服系统控制原理。

任务八　特种数控机床的认知

一、能力目标

（一）知识要求
(1) 掌握数控电火花线切割机床的分类。
(2) 掌握数控电火花线切割机床的组成及各部分的功用。

（二）技能要求
(1) 能现场认识特种数控机床，重点掌握数控电火花线切割机床的分类及加工原理。
(2) 会讲解数控电火花线切割机床的组成及各部分的功用。

二、任务说明

能够了解工厂里常用的特种机床数控系统，了解数控电火花线切割机床的种类，以及各类数控电火花线切割机床加工产品的特点。

（一）教学媒体
多媒体教学设备、网络、数控实训基地机床。

（二）教学说明
在该任务中，教师应该大量提供涵盖各类特种数控机床，特别是数控电火花线切割机床加工视频，在观看这些视频的过程中，逐一解释相关的设备部件构成和加工零件工艺特点和适用条件，在此基础上，了解数控电火花线切割机床的分类。

（三）学习说明
反复观看网站中提供的相关视频资料，并通过网络查找特种数控机床的相关资料，重点查阅数控电火花线切割机床的资料，并查找到主流数控厂商和系统厂商有关电火花线切割机床的资料，阅读相关数控电火花线切割机床数控设备的技术参数和介绍。

三、相关知识

（一）电火花加工原理
电火花加工方法可以用铜丝在淬火钢上加工出小孔，可以用软的工具加工任何硬度的金属材料。工程上常用易加工、导电性好、熔点较高的石墨、铜、铜钨合金和铝等耐电蚀材料作工具电极。

加工时工具电极和工件分别接脉冲电源的负、正两极，并浸入工作液中，通过自动控制系统控制工具电极向工件进给，当间隙达到一定值时，两极上施加的脉冲电压将间隙中的工作液击穿，产生火花放电，在放电的微细通道中，瞬时集中大量的热能，温度可达 10000℃以上，压力也急剧变化，从而使工件表面局部金属立刻熔化、气化，并爆炸式地飞溅到工作液中，迅速冷凝成金属微粒，被工作液带走。

这时在工件表面则留下一个微细的凹坑痕迹，放电短暂停歇，两电极间工作液恢复绝缘状态。紧接着，下一个脉冲电压又在两电极相对接近的另一点处击穿，产生火花放电，重复上述过程。这样，虽然每个脉冲放电蚀除的金属极少，但因每秒有成千上万次脉冲放电作用，就能蚀除较多的金属，具有一定的生产率。在保持工具电极与工件（电极）之间恒定放电间隙的条件下，一边蚀除工件金属，一边使工具电极不断地向工件进给，最后便加工出与工具电极形状相对应的形状来。因此，只要改变工具电极的形状和工具电极与工件之间的相对运动方式就能加工出各种复杂的型面。在加工中工具电极也有损耗，但可使其小于工件金属的蚀除量，甚至接近于无损耗。

工作液作为放电介质，在加工过程中还起着冷却、排屑等作用。常用的工作液是黏度较低、闪点较高、性能稳定的介质，如煤油、去离子水和乳化液等。

数控电火花成形加工适合于用传统机械加工方法难于加工的材料；可加工特殊及复杂形状的零件；直接利用电能加工，便于实现过程的自动化。其不足之处是加工效率较低、存在电极损耗、有最小角部半径限制。

由于电火花成形加工有其独特的优点，加上数控水平和工艺技术的不断提高，其应用领域日益扩大，已在机械（特别是模具制造）、宇航、航空、电子、核能、仪器、轻工等部门用来解决各种难加工材料和复杂形状零件的加工问题。加工范围可从几微米的孔、槽到几米大的超大型模具和零件。

（二）数控电火花机床

数控电火花机床（图 8-1）主要由主机、脉冲电源和机床电气、数控系统和工作液系统等部分组成。

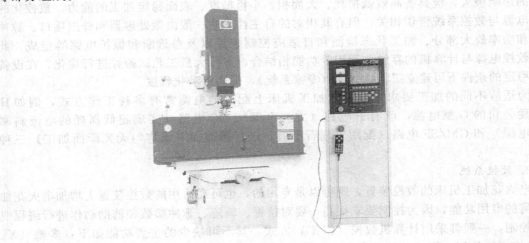

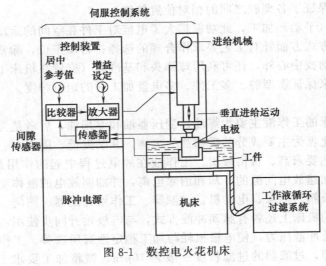

图 8-1 数控电火花机床

1. 主机及附件

机床本体包括床身、立柱、主轴头、工作台等。附件包括用以实现工件和工具电极的装夹、固定和调整其相对位置的机械装置，工具电极自动交换装置（ATC 或 AEC）等。

主轴头是数控电火花成形机床的关键部件，它上面安装电极（即工具）。主轴由 DC（或 AC）伺服电动机、滚珠丝杠螺母副在立柱上作升降移动，改变工具电极和工件之间的间隙。间隙过大时，不会放电，必须驱动工具电极进给靠拢；在放电过程中，工具电极与工件不断被蚀除，间隙逐渐增大，则必须驱动工具电极补偿进给，以维持所需的放电间隙；当工具电极与工件间短路时，必须使工具电极反向离开，随即再重新进给，调节到所需的放电间隙（0.01～0.2mm），数控电火花机床工作台的 X、Y 坐标由 DC（AC）伺服电动机，经滚珠丝杠驱动。轨迹是靠数控系统控制实现的。这里的伺服控制与一般数控机床的区别在于它控制的是电极间的间隙。直接测量这种间隙是很困难的，一般采用测量与放电间隙成比例关系的电参数，如脉冲电压的平均值、脉冲电压的峰值。用"测量信号"与"给定信号"进行比较，用差值来控制加工过程。

2. 脉冲电源

脉冲电源是电火花加工机床的重要部分之一，其作用是为放电过程提供能量，它对工艺指标的影响极大，应具备高效低损耗、大面积、小粗糙度、表面稳定加工的能力。数控化的脉冲电源与数控系统密切相关，但有其相对的自主性，它一般由微处理器和外围接口、脉冲形成和功率放大部分、加工状态检测和自适应控制装置以及自诊断和保护电路等组成。此外，数控电源与计算机的存储、调用等功能相结合，进行大量工艺试验并进行优化，在设备可靠稳定的条件下可建立工艺数据库（专家系统），提高自动化程度。

为适应不同的加工要求，数控电加工机床上配置的电源常有多种工作方式，例如日本三菱公司的 G 型电源，就有 F 电路（方波电源）、SC 电路（实现超低损耗的电流斜率控制电源）和 GM/SF 电路（配用大理石平板，进行镜面加工或均匀无光泽面加工）三种选择。

3. 数控系统

电火花加工机床的数控装置，既可以是专用的，也可在通用的数控装置上增加电火花加工所需的专用功能，因为控制要求很高，要对位置、轨迹、脉冲参数和辅助动作进行编程或实时控制，一般都采用计算机数控（CNC）方式，其不可缺少的主要功能如下：多轴（X、Y、Z 和 C）控制，可在空间任意方向上进行加工，便于在一次安装中完成除安装面外五个面上的所有型腔，保证了各型腔之间的相对位置精度。

多轴联动摇动（平动）加工，此功能扩大了电极对工件在空间的运动方式，有可能在多种运动轨迹、回退方式方面针对工艺要求作合理的选择；自动定位，除常见的电极碰端面定位，对孔或圆柱自动找中心外，还可利用球测头和基准球（安置在机床工作台上的一个带底座的高精度球体）来保证多型腔、多工件、多电极加工时的定位精度。

4. 工作液系统

电火花成形机床的工作液主要为煤油、变压器油和专用油，后者是为放电加工专门研制的链烷烃系，以碳化氢为主要成分的矿物油为主体，其黏度低、闪点高、冷却性好、化学稳定性好，但分馏工艺要求高、价格较贵。工作液在放电过程中起的作用是：压缩放电通道，使能量高度集中；加速放电间隙的冷却和消除电离，并加剧放电的液体动力过程。工作液循环过滤系统由工作液箱、油泵、电动机、过滤器、工作液分配器、阀门、油杯等组成，可进行冲液和抽液，有的机床上还各有脉动冲液方式，与电极抬升同步使用，这样既能充分排除加工产物，又可降低冲液压力，使电极损耗与加工稳定性有所改善。工作液过滤装置常用介质有纸质、硅藻土等，过滤器的过滤精度一般为 $10\mu m$，微精加工要求 $1\sim2\mu m$。使用中应注意滤芯堵塞程度，及时更换。

5. 加工形式

电火花加工常采用单电极平动、多电极复合、分解电极等方法。单电极平动主要用于加工型腔模具，电极可用简单电极作平面小圆运动（图8-2）。也可使工作台摇动，采用多个电极依次更换加工同一型腔，一般有粗、精两道即可。特别适合于尖角、窄缝多的工件型腔模加工。分解电极是先加工出主型腔，后用副型腔电极加工尖角、窄缝等部位。

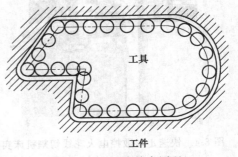

图8-2　平动头扩大原理

（三）数控线切割机床

数控电火花线切割加工，是利用金属（纯铜、黄铜、钨、钼或各种合金等）线或各种镀层金属线作为负电极，利用导电或半导电材料的工件作为正电极，在线电极和工件之间加上脉冲电压，同时在线电极和工件之间浇注矿物油、乳化液或去离子水等工作液，不断地产生火花放电，使工件不断地被电蚀，进行所要求的尺寸加工。在加工中，线电极一方面相对工件不断地往上（下）移动（慢速走丝是单向移动，快速走丝是往返移动）；另一方面，安装工件的十字工作台，由数控伺服电动机驱动。

在 X、Y 轴方向实现切割进给，使线电极沿加工图形的轨迹，对工件进行切割加工。图8-3是数控电火花线切割加工的原理。这种切割加工是依靠电火花放电作用来实现的。

电火花线切割加工主要用于冲模、挤压模、塑料模、电火花型腔模用的电极加工等。由于电火花线切割加工机床的加工速度和精度的迅速提高，目前已达到可与坐标磨床相竞争的程度。例如，中小型冲模，材料为模具钢，过去用分开模和曲线磨削的方法加工，现在改用电火花线切割整体加工的方法。数控电火花线切割加工机床，根据电极丝运动的方式可以分为快速走丝数控电火花线切割机和慢速走丝数控电火花线切割机两大类别。

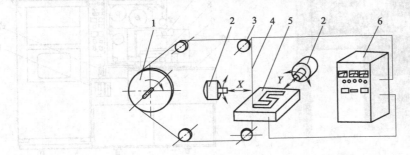

图8-3　线切割机床原理

1—储丝筒；2—工作台驱动电动机；3—导轮；4—电极丝；5—工件；6—脉冲电源

（四）快速走丝数控电火花线切割机床

1. 快速走丝电火花线切割工作原理

快速走丝数控电火花线切割机床如图8-4、图8-5所示，这类机床的线电极运行速度快（钼丝电极作高速往复运动8~10m/s），而且是双向往返循环地运行，即成千上万次地反复通过加工间隙，一直使用到断线为止。线电极主要是钼丝（0.1~0.2mm），工作液通常采用乳化液，也可采用矿物油（切割速度低，易产生火灾）、去离子水等。

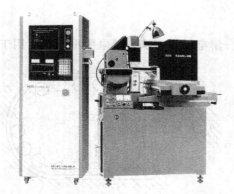

图 8-4　快速走丝数控电火花线切割机床实物

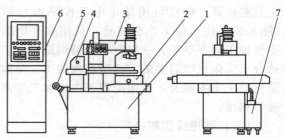

图 8-5　快速走丝数控电火花线切割机床示意
1—床身；2—工作台；3—丝架；4—储丝筒；
5—走丝电动机；6—数控箱；7—工作液循环箱

由于电极线的快速运动能将工作液带进狭窄的加工缝隙，起到冷却作用，同时还能将加工的电蚀物带出加工间隙，以保持加工间隙的"清洁"状态，有利于切割速度的提高。相对来说，快速走丝电火花线切割加工机床结构比较简单。但是由于它的运丝速度快、机床的振动较大，线电极的振动也大，导丝导轮耗损也大。

X、Y 向工作台由步进电动机经双片消隙齿轮、传动滚珠丝杠螺母副和滚动导轨实现 X、Y 方向的伺服进给运动，当电极丝和工件间维持一定间隙时，即产生火花放电，工作台的定位精度和灵敏度是影响加工曲线轮廓精度的重要因素。走丝系统的储丝筒由单独电动机、联轴器和专门的换向器驱动，作正反向交替运转，走丝速度一般为 $6\sim10\text{m/s}$，并且保持一定的张力。慢速走丝数控电火花线切割加工机床如图 8-6、图 8-7 所示。

图 8-6　慢速走丝数控电火花线切割加工机床实物

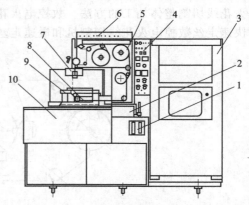

图 8-7　慢速走丝数控电火花线切割机床示意
1—工作液流量计；2—画图工作台；3—数控箱；
4—电参数设定面板；5—走丝系统；6—放电电容箱；
7—上丝架；8—下丝架；9—工作台；10—床身

2. 脉冲电源

脉冲电源如图 8-8 所示。

3. 工作液

在数控电火花线切割工艺中，工作液的作用是不可忽视的，它能够恢复极间绝缘，产生放电的爆炸压力，冷却线电极和工件，排除电蚀产物。在线电极和工件间的火花放电，会产

生极高的温度，使工件金属熔融蒸发，由放电爆炸力
将蒸发和熔融部分驱散。放电完后，工作液对加工部
分进行冷却，并使加工间隙恢复绝缘。线电极在通过
大脉冲电流的作用下，会产生热，如果不及时冷却，
就容易发生断丝现象。因此，在放电加工时，必须使
工作液充分地将线电极包围起来。

　　电火花线切割加工机加工用的工作液有矿物油、
乳化工作液和纯水等。由于在使用过程中矿物油容易
引起火灾，目前已很少采用。乳化液主要用于快速走
丝数控电火花线切割加工机床。线切割乳化液的母液
（乳化油）由基础油、乳化剂、洗涤剂、润滑剂、稳定
剂、缓蚀剂等组成。将 10％左右的乳化油与蒸馏水或
去离子水混合，就成为电火花线切割加工的工作液。
纯水（去离子水）主要用于慢速走丝数控电火花线切
割加工机床。

图 8-8　脉冲电源实物

　　为了提高切割速度和防止对工件的锈蚀，各生产厂家还配备有各种各样的导电液和防锈
液，在加工时，将它们混合在去离子水中。在工作液系统中，除了有过滤器（将加工产物过
滤）外，还装有去离子树脂筒，使工作液能自动地保持一定的电阻率和清洁度。

想一想

（1）电火花加工的原理是什么？
（2）数控电火花机床的基本组成有哪些？
（3）脉冲电源的作用有哪些？
（4）数控系统的作用有哪些？
（5）工作液系统的功用是什么？
（6）数控线切割机床工作原理是什么？

做一做

1．组织体系
　　每个班分为三个数控电火花线切割机床组，分别任命各组组长，负责对本组进行出勤、学习态度考核。
2．实训地点
　　数控实训基地机床车间。
3．实训步骤
（1）实验基地及工厂参观
　　感受数控电火花线切割机床所处的环境；
　　辨识各类不同数控电火花线切割机床的数控系统特点；
　　辨识数控电火花线切割机床上各类典型结构组成及功用；
　　辨认各种不同类型的数控电火花线切割机床；
　　辨识各种不同电火花线切割机床的产品加工。
（2）提出所需咨询内容
　　分组咨询，查询市场所用数控电火花线切割机床的常见类型。
（3）采用引导文的方式
　　讨论分析数控电火花线切割机床典型工作环境；
　　讨论分析数控电火花线切割机床的结构；

　　　讨论分析各类数控电火花线切割机床典型结构的功能特点。

（4）采用头脑风暴法的方式

　　　分析各类数控电火花线切割机床的结构及产品加工特点。

4. 实训总结

　　在教师的指导下总结数控电火花线切割机床的各部分特点及加工零件的特征。掌握不同数控电火花线切割机床数控系统的组成、机械结构及各部分功用、伺服系统控制原理。

任务九　数控机床安装调试与验收

一、能力目标

（一）知识要求
（1）了解掌握数控机床安装调试的相关标准。
（2）掌握数控机床安装调试的方法，熟练使用相关工具检具的知识。

（二）技能要求
（1）能够掌握数控机床安装调试的相关要求。
（2）能够掌握数控机床安装调试的方法，熟练使用相关工具、检具。

二、任务说明

（一）教学目标
能够掌握数控机床安装调试的方法，熟练使用相关工具、检具。

（二）教学媒体
实训基地数控机床、多媒体设备、各类工具。

（三）教学说明
根据数控设备使用方的要求，按数控设备的地基制作、设备开箱、设备就位、设备外观检测等流程，提供各流程的国家和行业验收标准，依据标准进行安装调试；全面介绍各类检验工具的使用方法。

（四）学习说明
学会各个流程中标准的查询和使用，掌握依据采购合同的技术标准进行相关的验收，并能使用检验工具。

三、相关知识

（一）VMC 系列数控机床简介
（1）VMC 系列数控机床铸件均采用树脂砂铸件，且经过两次人工实效处理，稳定性好，强度高，各项精度稳定可靠。

（2）数控机床主轴各重要零件均经过强化处理，采用 P4 级主轴专用轴承及 KLUBRN-RU15 油脂润滑，整套主轴在恒温条件下组装完成后，通过仪器平衡校正及跑合测试，精度高，可靠性好。

（3）三轴丝杠采用 PMI 提供的 C3 级双螺母预紧滚珠丝杠，滚珠丝杠两端采用 NSK P4 级 600 型角接触轴承，三轴丝杠均进行预拉伸。

（4）与强化导轨相组合的滑鞍导轨、工作台导轨、主轴箱导轨均采用耐磨贴塑处理，降低导轨间的摩擦力，消除可能产生的爬行现象，提高了机床运动精度。

（5）采用定时、定量自动集中供油润滑系统，确保机床充分润滑。

（6）VMC 系列数控机床技术先进、配置优良、操作方便、可靠实用，可进行立铣、钻、扩、镗、攻螺纹等加工工序。适用于加工各种形状复杂的二、三维凹凸模型及复杂的形状和曲面。

（7）VMC-650 机床安装地基尺寸如图 9-1 和图 9-2 所示。

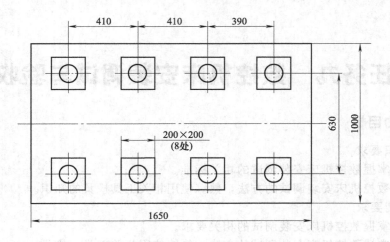

图 9-1 VMC-650 机床安装地基图（一）

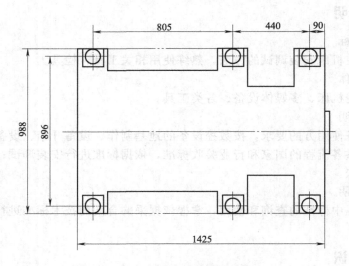

图 9-2 VMC-650 机床安装地基图（二）

（二）数控机床的安装要求

在完成机床资料归档和外观质量检验后，就要进行机床的就位和安装。这个阶段的工作将会直接影响后续的机床精度检验和机床正常运转。对于金属切削机床和机械设备安装，国家有两个明确的国家标准：GB 50271—1998《金属切削机床安装工程施工及验收规范》标准，适用于车床、钻床、锉床、磨床、齿轮加工机床、螺纹加工机床、铣床、刨插床、拉床、特种加工机床、锯床和组合机床的安装及验收；GB 50231—1998《机械设备安装工程施工及验收通用规范》，适用于各类机械设备的安装及验收过程。VMC（适用于 FANUC 系统）系列加工中心机床的安装及使用要求如下。

1. 安装注意事项

（1）机床操作者必须是受过专业培训，并且完全了解机床特性、规格和安全规则。

（2）使用机床前请仔细阅读机床《使用说明书》《系统操作说明书》等其他相关资料，特别要详细了解关于吊运、安装、调整、操作方面的安全说明。

（3）用户提供给机床的电源：电压偏差（380V±10％V），频率偏差（50Hz±0.5Hz），最小额定容量大于机床总容量，若不符，用户必须及时处理。

（4）机床的所有参数，如 PLC、CNC 参数，机床参数以及电柜内所有开关位置等，用户不得随意更改。随意变动参数会造成机床故障，出现重大质量事故。

（5）使用 RS-232 通信接口时，必须将机床及传输信号的电脑断电后插拔传输线，否则易烧坏机床及电脑接口，甚至会烧坏数控系统传输接口。

（6）使用冷却泵前，必须确保冷却箱内有足够的冷却液。第一次使用冷却泵时，必须给冷却泵密封盒内加冷却液，禁止使用易燃及有毒的切削液。

（7）更换或调整工件、夹具时，务必先使主轴完全停止。转动主轴前，必须确保刀具已夹紧。

（8）机床润滑油泵缺油时，禁止机床运转。

2. 安装要求

为了确保机床的安全运行，在安装时应注意以下各项要求。

（1）接线。所使用的电气接线一定要等于或超过说明书规定的性能值。不要与能够产生噪声的设备，如电焊机、高频淬火机等共用一个电源配电盒。应由熟练的电气设备管理人员连接动力线。

（2）接地。所使用的接地线，必须是铜导线，其横截面积应超过 $10mm^2$，电阻低于 10Ω。每台数控机床的地线应接到单独的地棒上。

（3）环境条件。机床应适合在下述规定的实际环境和运行条件中使用。

① 电源电压：额定电源电压的 ±10% 范围内。

② 电源频率：$50Hz\pm0.5Hz$。

③ 环境温度：5～40℃ 范围内，且 24h 平均温度应不超过 35℃。

④ 相对湿度：低于 75%，控制湿度变化是为了不引起冷凝。

⑤ 大气：没有过分的灰尘、酸气腐蚀气体和盐分。

应当避免阳光直射机床，或因热辐射机床而引起环境温度的变化，防止机床受到外来不正常的震动。

（三）数控机床吊运与安装

1. 机床吊运

（1）吊运机床时，应特别小心，避免机床 CNC 系统、高压开关等受到冲击。在吊运机床前，应检查各部位是否牢靠，机床上有无不该放置的物品。

（2）机床在运输过程中，应首先将防护门固定，不允许把装有机床的包装箱放在带棱角的物体上或倒放，以免影响机床精度。

（3）拆开包装箱时，首先检查机床的外部情况，按产品的装箱单清点附件及工具是否齐全。

（4）要保持被吊运机床在纵横方向上保持平衡，因此，机床刚吊离地面时，就应使机床确保平衡。

（5）吊运钢丝绳角度不得大于 60°。

（6）堆高机搬运注意事项：

① 堆高机操作必须为合格、熟练的操作员；

② 堆高机载重能力至少为 7t；

③ 移动前请先确定移动路线上无人员及障碍物；

④ 堆高机刀叉缓慢移至机器中心所在位置，才可将机器抬起，避免机器倾倒；

⑤ 缓慢移动机器，并注意保持机器平衡。

（7）VMC-650 机床吊装如图 9-3 所示，吊装注意事项如下。

① 请由合格熟练吊车操作员操作。

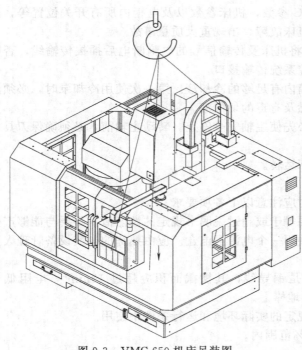

图 9-3　VMC-650 机床吊装图

② 吊车的载重能力必须为 7t 以上。

③ 确定移动路线上无人员与障碍物存在。

④ 起吊机器前，必须将吊装零件装于规定的吊装孔中，并与机器紧密锁固。不能用非吊装孔吊装机器，否则会损害机器或造成其他事故。

⑤ 移去机器上所有可能会掉落的物品，并确定固定部位已锁紧。

⑥ 吊运时注意钢索长度，机器上垫纸皮，避免钢索碰损机器。

⑦ 保持机器的平衡，缓慢移动，并尽量降低其重心。

2. 机器防锈与固定

出厂前对机器各滑道面应做好防锈处理，对搬运过程中可能因摇晃而造成机器精度误差的部位都应固定。防锈与固定主要部位有：

① 防锈部位：X、Y、Z 轴滑轨、主轴鼻端、工作台面；

② 固定部位：主轴头、操作箱。

（1）安装环境要求

① 机器安装位置应远离振动源、热源、油污、粉尘、腐蚀性气体，避免阳光直射，确保机器的精度与寿命。如果机器必须安装在空气潮湿或污染的环境下，则必须特别注意保护机器的滑道部分及电气部分，以免腐蚀或磨损。

② 安装地面不得倾斜、太柔软或不规则。

③ 机器安装位置旁保留适当空间，便于检查及维修。

（2）地基要求

① 按照说明书中的地脚螺栓安装图。

② 地基的混凝土越深，机器的稳定性越好，混凝土不得有龟裂现象。

③ 基础混凝土最底层应该预铺设直径 19mm 的钢筋，以间距 150mm 的网格状放置。

④ 请先量好并预留地基螺栓孔与地基调整孔的孔位，预留孔最好为楔型孔，且表面粗糙凹凸不平，确保下次浇注基础混凝土时，得到最佳强度。

⑤ 浇注基础混凝土时，预留接地孔，并埋入长度 2m 以上、直径 15mm 的铜棒。

⑥ 基础施工后 7～10 天，才可安装机器（视地面实际状况）。

⑦ 机器初次调整水平后，将地基螺栓、调整螺栓埋入预留孔内，并浇注快干、无缩性水泥。

⑧ 浇注水泥后 7 天以上，再精调机器的水平度。

（3）电气要求

① 电源输入线能力为 380V（AC）、三相、50Hz。

② 电源电压输入变动值必须保持在 ±5% 以内。

③ 电源的电压变动值必须保持在±1Hz之内。

④ 机器必须配备独立的接地装置。

（4）安装机器

① 机器落地定位，确保地脚均匀支撑机器。

② 用洁净的棉布清除防锈部位的防锈油后，再涂上一层润滑油。

③ 机器安装和调整必须由专业的工程师来执行。

④ 确定电压、频率与相位为指定规格后接上电源，并做接地处理。

⑤ 调整气压压力为 6kgf/cm² （1kgf≈98kPa）。

⑥ 用手轮模式将 Z 轴微量往上移动，将主轴支撑架及其他固定架拆除。

⑦ 用手轮模式将 Z 轴往下移动至配重链条受力后，拆除配重块固定架。

⑧ 调整水平、台面与主轴中心线的位置度。

⑨ 冷却泵接线，确认旋转方向。

⑩ 调整主轴油冷机（选配）温度，标准设定为 20～25℃。

⑪ 添加适量的润滑油（T68 号导轨油）。

（5）机床水平及精度调整

① 将水平仪放置于工作台中央。如果使用两只水平仪，则呈直角放置于工作台中央。

② 将工作台移至行程中央，检视水平仪的气泡位置，调整底座四角地脚螺栓，直至水平仪气泡置于中间为止。

③ 检视工作台在 Y 轴、X 轴中间点水平仪的气泡位置。先移动 X 方向，再移动 Y 方向，反复调整使机器水平。

④ 调整其他螺栓，不影响机器水平的情况下，使机器重量均匀分布于各螺栓。

⑤ 机器水平标准范围为：0.05 刻度/m。

⑥ 每半年检查调整机器水平度，以维持机器的精度。

（6）垫铁

① 型号、规格和布置位置，应符合设备技术文件的规定。

② 每一地脚螺栓近旁，应至少有一组垫铁。

③ 垫铁组在能放稳和不影响灌浆的条件下，宜靠近地脚螺栓和底座主要受力部位的下方。

④ 相邻两个垫铁组之间的距离不宜大于 800mm。

⑤ 机床底座接缝处的两侧，应各垫一组垫铁。

⑥ 每一垫铁组的块数不应超过三块。

⑦ 每一垫铁组应放置整齐、平稳，且接触良好。

⑧ 机床调平后，垫铁组伸入机床底座底面的长度，应超过地脚螺栓的中心，垫铁端面应露出机床底面的外缘，平垫铁宜露出 10～30mm，斜垫铁宜露出 10～50mm，螺栓调整垫铁应留有再调整的余量。

⑨ 调平机床时应使机床处于自由状态，不应采用紧固地脚螺栓局部加压等方法，强制机床变形使之达到精度要求。对于床身长度大于 8m 的机床，达到"自然调平"的要求有困难时，可先经过"自然调平"，然后采用机床技术要求允许的方法，强制达到相关的精度要求。

⑩ 组装机床的部件和组件应符合下列要求：

a. 组装的程序、方法和技术要求，应符合设备技术文件的规定，出厂时已装配好的零件、部件，不宜再拆装；

b. 组装的环境应清洁，精度要求高的部件和组件的组装环境，应符合设备技术文件的规定；

c. 零件、部件应清洗洁净，其加工面不得被磕碰、划伤和产生锈蚀；

d. 机床的移动、转动部件组装后，其运动应平稳、灵活、轻便、无阻滞现象，变位机构应准确可靠地移到规定位置；

e. 组装重要和特别重要的固定结合面，应符合机床技术规范中的相关检验要求。

（四）数控机床的空运行与功能检验

空运转检验是在无负荷状态下运转机床，检验各机构的运转状态、温度变化、功率消耗、操纵机构动作的灵活性、平稳性、可靠性及安全性。

机床的主运动机构应从最低速度起依次运转，每级速度的运转时间不得少于 2min。用交换齿轮、皮带传动变速和无级变速的机床，可做低、中、高速运转。在最高速度时应运转足够的时间（不得少于 1h），使主轴轴承（或滑枕）达到稳定温度。

进给机构应做依次变换进给量（或进给速度）的空运转试验。对于正常生产的产品，检验时，可仅做低、中、高进给量（或进给速度）试验。有快速移动的机构，应做快速移动的试验。在空运转过程中，还应该做以下的具体检验。

1. 温升检验

在主轴轴承达到稳定温度时，检验主轴轴承的温度和温升，其值均不得超过表 9-1 主轴轴承温度和温升的规定。

表 9-1   主轴轴承温度和温升   ℃

轴承形式	温度	温升
滑动轴承	60	30
滚动轴承	70	40

注意：机床经过一定时间的运转后，其温度上升幅度不超过每小时 50℃ 时，一般可认为已达到稳定温度。

2. 主运动和进给运动的检验

检验机床主运动速度和进给速度（进给量）的正确性，并检查快速移动速度（或时间）。在所有速度下，机床工作机构均应平稳、可靠。

3. 动作检验

机床动作试验包括以下内容。

（1）用一个适当速度检验主运动和进给运动的启动、停止（包括制动、反转和点动等）动作是否灵活、可靠。

（2）检验自动机构（包括自动循环机构）的调整和动作是否灵活、可靠。

（3）反复变换主运动和进给运动的速度，检查变速机构是否灵活、可靠，以及性能指示的准确性。

（4）检验转位、定位、分度机构动作是否灵活、可靠。

（5）检验调整机构、夹紧机构、读数指示装置和其他附属装置是否灵活、可靠。

（6）检验装卸工件、刀具、量具和附件是否灵活、可靠。

（7）与机床连接的随机附件应在该机床上试运转，检查其相互关系是否符合设计要求。

（8）检验其他操纵机构是否灵活、可靠。

（9）检验有刻度装置的手轮反向空程量及手轮、手柄的操纵力。空程量应符合有关标准的规定。操纵力应符合表 9-2 手轮、手柄的操纵力的要求。

表 9-2　手轮、手柄的操纵力

机床重量/t			≤2	>2~5	>5~10	≥10
使用频繁程度	经常使用	操纵力/N	40	60	80	120
	不经常使用		60	100	120	160

4. 安全防护装置和保险装置的检验

按 GB 15760—2004《金属切削机床　安全防护通用技术条件》等标准的规定，检验安全防护装置和保险装置是否齐备、可靠。

5. 噪声检验

机床运动时不应有不正常的尖叫声和冲击声。在空运转条件下，对于精度等级为Ⅲ级和Ⅲ级以上的机床，噪声的声压级不得超过 75dB（A）；对于其他机床精度等级的机床，噪声的声压级不应超过 85dB（A）。

6. 液压、气动、冷却、润滑系统的检验

一般应有观察供油情况的装置和指示油位的油标，润滑系统应能保证润滑良好。机床的冷却系统应能保证冷却充分、可靠。机床的液压、气动、冷却和润滑系统及其他部位，均不得漏油、漏水、漏气，冷却液不得混入液压系统和润滑系统。

7. 整机连续空运转试验的时间控制

对于自动、半自动和数控机床，应进行连续空运转试验，整个运转过程中不应发生故障的连续运转时间，应符合表 9-3 的规定。试验时自动循环应包括所有功能和全部工作范围，各次自动循环之间休止时间不得超过 1min。

表 9-3　整机连续空运转时间表

机床自动控制形式	机械控制	电液控制	数字控制	
			一般数控机床	加工中心
时间/h	4	8	16	32

8. 检验场地应符合有关标准要求，通常包含以下条件：

① 环境温度：15~35℃；

② 相对湿度：45%~75%；

③ 大气压力：86~106kPa；

④ 工作电压保持为额定值的 −15% ~+10% 范围。

（五）数控机床的精度检验方法

1. 几何精度的调试

（1）机床几何精度调试的内容有：工作台的真直度、各轴向间的垂直度、工作台与各运动方向的平行度、主轴锥孔面的偏摆、主轴中心与工作台面的垂直度等。

（2）调试、验收几何精度的检具。

气泡式水平仪如图 9-4 所示。

图 9-4　气泡式水平仪

千分表及表座如图 9-5 所示。

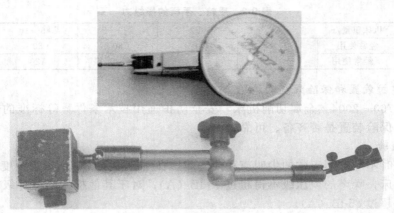

图 9-5　千分表及表座

大理石方尺如图 9-6 所示。

图 9-6　大理石方尺

标准芯棒如图 9-7 所示。

图 9-7　标准芯棒

2. 机床真直度检验调试

将两个水平仪以相互垂直的方式，放置在工作台上（其中一个与 X 向平行，另一个与 Y 向平行）。在检测时将工作台沿 X 向移动，在左、中、右三个点上分别查看水平仪的数据。比较这些数据的差值，使其最大值不超过允差值。

机床真直度检验及调试如图 9-8 所示。

如果机床真直度不能够达到标准要求，可以通过调整机床地脚螺栓，使其达到要求。在调整地脚螺栓的过程中，必须把机床看成一个既有一定刚性，又有一定塑性的整体。通过调整几个关键的地脚螺栓，将数控机床的真直度调好。

3. 检验机床各轴相互间的垂直度

现以三轴数控铣削机床为例，三轴数控铣削机床一共有三根轴，那么其垂直度的检查就要检查三项：X、Y 间垂直度；X、Z 间垂直度；Y、Z 间垂直度。

（1）检验 X、Y 间的垂直度

图 9-8 机床真直度检验及调试

① 将方尺平放在工作台上；
② 用千分表找平 X 向或者 Y 向任意一边；
③ 然后用千分表检验另外一边；
④ 两端读数的差值为误差值。
机床 X、Y 间的垂直度检验及调试如图 9-9 所示。

图 9-9 机床 X、Y 间的垂直度检验及调试

（2）X、Z 间的垂直度
① 将检验方尺沿 X 向放置；
② 将千分表夹持在 Z 轴上；
③ 将表靠在方尺检验面上，沿 Z 轴上下移动；
④ 表在上、下读数的差值即为该项精度的值。
机床 X、Z 间的垂直度检验及调试如图 9-10 所示。

（3）Y、Z 间的垂直度 Y、Z 间的垂直度的检验方法和 X、Z 间垂直度的检验方法是一致的，只不过将检验方尺的方向做一个 90°的旋转。

4. 检验主轴中心对工作台的垂直度
本项精度的检验方法如下。
（1）将千分表置于主轴上，将主轴置于空挡或者易于手动旋转的位置上。

图 9-10 机床 X、Z 间的垂直度检验及调试

（2）将千分表环绕主轴旋转，设置并确认千分表的触头相对于主轴中心的旋转半径为 150mm。

（3）将千分表在工作台上旋转一周，记录下其在前后以及左右的读数差值。

（4）这两组差值反映了主轴相对于工作台面的垂直度。

5. 检验工作台面与 X 向、Y 向运动的平行度

该项精度检验由以下两项组成。

（1）工作台与 X 向运动的平行度。将千分表夹持在 Z 轴上，将表触头置于工作台面上，然后将工作台从 X 原点移至负方向的最远点。其间，读数的最大以及最小值的差值为其精度值。

（2）工作台与 Y 向运动的平行度。将千分表夹持在 Z 轴上，将表触头置于工作台面上，然后将工作台从 Y 原点移至负方向的最远点。其间，读数的最大以及最小值的差值为其精度值。

在做这一项检查时，要注意梯形槽或者其他能够引起表针跳动的因素。

6. 检验主轴锥孔偏摆

在主轴上，装入测量长为 300mm 的标准芯棒。用千分表顶住主轴近端以及下端 300mm 处，在主轴旋转过程中千分表变化的最大值，分别为这两处的偏摆测定值。

机床主轴锥孔偏摆检验及调试如图 9-11 所示。

图 9-11　机床主轴锥孔偏摆检验及调试

7. 检验主轴轴向跳动

将千分表顶住主轴端面，旋转主轴千分表，将会出现测量值的变动。这一个变动的数值即为主轴轴向跳动。也可将千分表顶住标准芯棒的下端，旋转主轴，观察千分表的变化。

机床主轴轴向跳动检验及调试如图 9-12 所示。

8. 检验位置精度

检验数控机床的位置精度主要包括以下三项。

（1）检验定位精度。检验定位精度是指机床运行时，检验到达某一个位置的准确程度。该项精度应该是一个系统性的误

图 9-12　机床主轴轴向跳动检验及调试

差，可以通过各种方法进行调整。

（2）检验重复定位精度。检验重复定位精度是指机床在运行时，检验反复到达某一个位置的准确程度。该项精度对于数控机床则是一项偶然性误差，不能通过调整参数来进行调整。

（3）检验反向偏差。反向偏差是指机床在运行时，各轴在反向时产生的运行误差。测量该项精度，一般采用双频激光干涉仪作为检测仪器，其检验及调试方法如图 9-13 所示。

图 9-13　双频激光干涉仪机床位置精度检验及调试

想一想

（1）试述精密数控设备对地基设计采取的措施。

（2）简述数控设备对电源的要求。

（3）简述数控设备对工作环境的要求。

（4）简述数控机床的开机调试内容。

（5）简述数控机床功能的一般内容。

（6）数控机床的精度检验包括哪些内容？分别采用什么工具来检测？

做一做

1. 组织体系

每个班分为三个学习组，分别任命各组组长，负责对本组进行出勤、学习态度考核。

2. 实训地点

数控实训基地机床车间。

3. 实训步骤

（1）根据对实训基地的具体机床的分析，确定安装、调试的具体项目；

（2）展示相关的工具、检具，讲解、演示每一种工具检具的使用方法及其注意事项；

（3）分析、调试具体数控机床的可调试的部位、部件；

（4）通过查阅、修改数控系统参数，对数控机床相关项目进行调试；

（5）学生实际操作相关工具和检具；

（6）学生对一台机床进行安装调试；

（7）分析机床合同文件，确定机床验收项目和标准；

（8）查阅相关标准的具体文件，确定验收方法，根据验收项目和方法提出检具要求；

（9）组织实施一台机床的完成验收过程；

（10）学生自主验收一台数控机床，并记录所有数据，根据相关标准分析数据判定机床合格与否，学生就该项目进行讨论和评估。

4. 实训总结

在教师的指导下总结各类数控机床的安装、调试与验收标准，并撰写实训报告。

任务十　数控机床维护与安全操作

一、能力目标

（一）知识要求

（1）掌握数控机床维护与保养的相关知识。

（2）了解机床主轴部件、滚珠丝杠螺母副和导轨等的组成和结构，懂得其维护与保养的相关知识。

（3）了解数控分度头、自动换刀装置、液压气压系统和冷却润滑装置的组成，懂得其维护与保养的相关知识。

（二）技能要求

（1）了解数控机床维护与保养的目的和意义。

（2）掌握数控机床维护与保养的基本要求。

（3）掌握数控机床维护与保养的内容。

（4）了解机床主轴部件、滚珠丝杠螺母副和导轨等的组成和结构，懂得其维护与保养的基本要求和方法。

（5）了解数控分度头、自动换刀装置、液压气压系统和冷却润滑装置的组成，懂得其维护与保养方法。

二、任务说明

（一）教学目标

能够根据具体机床说明书、机床种类、型号编制机床保养手册、指定机床保养策略，并能够完成机床保养。

（二）教学媒体

实训基地各类机床、实训基地机床资料、网络。

（三）教学说明

结合实训基地设备环境和数控设备的随机资料，依据随机资料关于具体数控设备保养的说明，进行保养具体要求的说明。在总结具体资料的基础上，进行数控设备常规保养的规范说明。

（四）学习说明

在安排到实习单位的过程中，收集各种关于数控设备的保养资料，并查阅数控设备主机厂商关于数控设备的保养说明。

三、相关知识

（一）数控机床的可靠性

数控机床的可靠性是指在规定的条件下（如环境温度、湿度、使用条件及使用方法等在正常情况下），数控机床维持无故障的工作能力。对数控机床的可靠性进行研究表明，数控机床的可靠性符合图 10-1 所示的故障率浴盆曲线。

从图 10-1 所示曲线上可以看出，数控机床的故障率在失效期和老化期比较高，而在稳定期可靠性比较高。失效期一般在设备投入使用的前 18 个月左右，因此数控机床的保修期

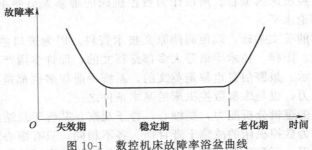

图 10-1　数控机床故障率浴盆曲线

一般都定为一年，在保修期内故障率显然较高，但机床厂家给予免费维修，所以数控机床的使用者在保修期内应该尽量使设备满负荷工作；而过了保修期后，数控机床基本进入稳定期，稳定期一般在 6～8 年左右，机床可以可靠地工作。待到老化期时，应该考虑是否改造数控系统、对机床进行大修或者更新机床，否则机床的有效使用率将会大大降低。

(二) 数控机床可靠性指标

1. 平均无故障时间 (MTBF)

数控机床的平均无故障时间是指数控机床在两次故障之间能正常工作的时间的平均值，也就是数控机床在寿命范围内总工作时间与总故障次数之比，即

$$MTBF = \frac{总工作时间}{总故障次数}$$

这个时间越长越好，因而必须减少故障次数。

2. 平均修复时间 (MTTR)

数控机床的平均修复时间是指数控机床在寿命范围内，每次从出现故障开始维修，直至能正常工作所用的平均时间，也就是数控机床在寿命范围内，总的故障时间与总的故障次数之比，即

$$MTTR = \frac{总故障时间}{总故障次数}$$

显然这个时间越短越好。为减少这个时间，除必要的物资条件外，维修人员的水平在这里起主导作用，因此提高维修人员的水平是非常重要的。

3. 有效度

有效度是考核数控机床可靠性和可维修性的指标，是对数控机床的正常工作概率进行综合评价的尺度，是指一台可维修的数控机床在一段时间内维持其性能的概率。

有效度定义为平均无故障时间与平均无故障时间和平均修复时间之和的比，即

$$A = \frac{MTBF}{MTBF + MTTR}$$

有效度 A 是一个小于 1 的数，越接近 1 越好，这就要求 MTTR 要尽可能地小，MTBF 要尽可能地大。

(三) 数控机床维修的基本要求

数控机床采用了先进的控制技术，是机、电、液、气相结合的产物，技术比较复杂，涉及的知识面也比较广，因此要求维修人员要有一定的素质。具体要求如下。

(1) 要具有一定的理论基础。电气维修人员除了需要掌握必要的计算机技术、自控技术、PLC 技术、电动机拖动原理外，还要掌握一些液压技术、气动技术、机械原理、机械加工工艺等，另外还要熟悉数控机床的编程语言并能熟练使用计算机。机械维修人员除了掌握机械原理、机械加工工艺、液压技术、气动技术外，还要熟悉 PLC 技术，能够看懂 PLC

梯形图，也要了解数控机床的编程。所以作为数控机床的维修人员要不断学习，刻苦钻研，扩展知识面，提高理论水平。

（2）要具有一定的英文基础，以便阅读原文技术资料。因为进口数控机床的操作面板、屏幕显示、报警信息、图样、技术手册等大多都是英文的，而许多国产的数控机床也采用进口数控系统，屏幕显示、报警信息也都是英文的，系统手册很多也都是英文的，所以具有良好的科技英语阅读能力，也是维修数控机床的基本条件之一。

（3）要具有较强的逻辑分析能力，要细心，善于观察，并善于总结经验，这是快速发现问题的基本条件。因为数控机床的故障千奇百怪、各不相同，只有细心观察、认真分析，才能找到问题的根本原因，而且还要不断总结经验，做好故障档案记录，这样技术水平才会不断提高。

（4）要具有较强的解决问题的能力，思路要开阔。应该了解数控机床及数控系统的操作，熟悉机床和数控系统的功能，能够充分利用数控系统的资源。当数控机床出现故障时，能够使用数控系统查看报警信息，检查、修改机床数据和参数，调用系统诊断功能，对PLC的输入、输出、标志位等信息进行检查等；还要善于解决问题，发现问题后，要尽快排除，提高解决问题的效率。

（四）数控机床故障维修原则

数控机床的故障复杂，诊断排除起来都比较难。在数控机床故障检测排除时，应遵循如下原则。

1. 先外部后内部

数控机床是机械、液压、电气一体化的机床，故其故障的发生必然要从机械、液压、电气这三者综合反映出来。数控机床的故障维修要求维修人员掌握先外部后内部的原则，即当数控机床发生故障后，维修人员应先采用望、闻、听、问、摸等方法，由外向内逐一进行检查。比如，数控机床中，外部的行程开关、按钮开关、液压气动元件以及印制电路板插头座、边缘接插件与外部或相互之间的连接部位、电控柜插座或端子排这些机电设备之间的连接部位，因其接触不良造成信号传递失灵，是产生数控机床故障的重要因素。此外，由于工业环境中，温度、湿度变化较大，油污或粉尘对元件及电路板的污染，机械的振动等，对于信号传送通道的接插件都将产生严重影响。在检修中随意的启封、拆卸，不适当的大拆大卸，往往会扩大故障，使机床大伤元气，丧失精度，降低性能。

2. 先机械后电气

数控机床是一种自动化程度高、技术复杂的先进机械加工设备。一般来讲，机械故障较易察觉，而数控系统故障的诊断则难度要大些。先机械后电气就是在数控机床的检修中，首先检查机械部分是否正常，行程开关是否灵活，气动、液压部分是否正常等。从经验来看，数控机床的故障中有很大部分是机械动作失灵引起的。所以在故障检修之前，首先注意排除机械性的故障，往往可以达到事半功倍的效果。

3. 先静后动

维修人员本身要做到先静后动，不可盲目动手，应先询问机床操作人员故障发生的过程及状态，阅读机床说明书、图样资料后，方可动手查找和处理故障。其次，对有故障的机床也要本着先静后动的原则，先在机床断电的静止状态，通过观察测试、分析、确认为非恶性循环性故障，或非破坏性故障后，方可给机床通电，在运行工况下，进行动态的观察、检验和测试，查找故障。对恶性的破坏性故障，必须先排除危险后，方可通电，在运行工况下进行动态诊断。

4. 先公用后专用

公用性的问题往往影响全局，而专用性的问题只影响局部。如机床的几个进给轴都不能运动，这时应先检查和排除各轴公用的 CNC、PLC、电源、液压等公用部分的故障，然后再设法排除某轴的局部问题。又如电网或主电源故障是全局性的，因此一般应首先检查电源部分，看看熔丝是否正常、直流电压输出是否正常。总之，只有先解决影响全局的主要矛盾，局部的、次要的矛盾才有可能迎刃而解。

5. 先简单后复杂

当出现多种故障互相交织掩盖、一时无从下手时，应先解决容易的问题，后解决难度较大的问题。常常在解决简单故障的过程中，难度大的问题也可能变得容易，或者在排除简易故障时受到启发，对复杂故障的认识更为清晰，从而也有了解决办法。

6. 先一般后特殊

在排除某一故障时，要先考虑最常见的可能原因，然后再分析很少发生的特殊原因。例如，数控机床不返回参考点故障，常常是由于零点开关或者零点开关撞块位置窜动所造成。一旦出现这一故障，应先检查零点开关或者挡块位置，在排除这一常见的可能性之后，再检查脉冲编码器、位置控制等环节。

（五）提高维修数控机床技术水平的方法

数控机床由于采用计算机控制、机电一体化技术，结构复杂、元器件较多，使数控机床的故障复杂，维修难度大，故障率相对普通机床要高。这就要求维修人员要不断提高自己的维修水平。下面介绍一些提高维修水平的方法。

1. 多问

（1）要多问机床厂家技术人员。如果有机会碰到机床厂家验收数控机床或者厂家技术人员来调试、维修数控机床，应该珍惜这样的机会，因为能够获得大量的资料和一些数控机床维修和调试的方法和技巧。要多问，不懂的要搞清楚。有这样的机会，通过努力，一定能学到很多知识。

（2）要多问操作人员。数控机床出现故障后，要多向操作人员询问，要了解故障是什么时候发生的、怎样发生的、故障现象是什么、造成的损害或者效果是什么。为了尽可能多地了解故障情况，维修人员必须多向操作人员询问。在没有出现故障时，也要经常询问操作人员，了解机床的运行情况和异常情况，以便决定是否要对机床进行维护，或者为日后的维修提供必要的第一手资料。

（3）要多问其他维修人员。数控机床出现故障后，很多故障诊断排除起来很困难，遇到难题时，要多向其他维修人员请教，从中可以得到很多经验教训，对提高维修水平和排除故障的能力大有好处。出现难以排除的故障时，还可以及时询问机床制造厂家的技术人员或者数控系统方面的专业人员，有时经过请教讨论，很快就会排除故障，并在此过程中受益匪浅。

当其他人员维修机床，自己没有机会参加时，可以在故障处理后，向他们询问，询问故障现象、怎样排除的、有何经验教训，从而提高自己的维修水平。

2. 多阅读

数控机床的维修人员要养成经常阅读的好习惯，这样可提高对数控知识、数控机床原理、数控机床维修技术等知识的掌握水平。

（1）要多阅读数控技术资料。现在关于数控技术原理与数控机床维修的理论书籍很多，要多看这方面的书籍，以提高理论水平。理解和掌握数控技术的原理，对维修数控机床大有好处。

（2）要多阅读数控系统的资料。要多看数控系统方面的资料，了解掌握数控系统的工作原理、PLC 控制系统的工作原理、伺服系统的工作原理。通过多看数控系统方面的资料，可以了解掌握 NC 和 PLC 的机床数据含义和使用方法、数控系统的操作和各个菜单的含义和功能，以及如何通过机床自诊断功能诊断故障。要了解掌握 PLC 系统的编程语言。有了这些积累，在排除数控机床的故障时，才能得心应手。

（3）要多阅读梯形图。了解数控机床梯形图的运行程序是掌握数控机床工作原理的方法之一。掌握了数控机床 PLC 梯形图的流程对数控机床的故障维修大有益处，特别是一些没有故障显示的故障，通过对 PLC 梯形图的监测，大部分故障都会迎刃而解。

（4）要多看数控机床的图样资料。多看数控机床的电气图样，可以掌握每个电气元件的功能和作用，掌握机床的电气工作原理，并可以熟悉图样的内容和各元器件之间的关系。在出现故障时，能顺利地从图样中找到相关信息，为快速排除机床故障打好基础。

（5）要多阅读外文资料。现在国内使用的很多数控机床都是进口的，而且许多国产的数控机床使用的是进口数控系统，所以能够多阅读原文资料对了解数控机床和数控系统的工作原理是非常必要的。这样也可以提高维修人员的外语水平，可以很容易看懂外文图样和系统的外文报警信息。

3. 多观察

善于观察对维修数控机床来说是非常重要的，因为许多故障都很复杂，只有仔细观察、善于观察，找到问题的切入点，才有利于故障的诊断和排除。

（1）多观察机床工作过程。多观察机床的工作过程，可以了解掌握机床的工作顺序，熟悉机床的运行，在机床出现故障时，可以很快地发现不正常因素，提高数控机床的故障排除速度。

例如一台专用数控机床在工件加工结束后，机械手把工件带到进料口，而没有在出料口把工件释放。根据平常对机床的观察，工件加工结束后，工作过程是这样的：首先机械手插入环形工件，然后机械手在圆弧轨道上带动工件向上滑动，到出料口时，机械手退出工件，加工完的工件进入出料口，而机械手继续向上滑动直至进料口。

因为了解机床的工作过程，通过故障现象判断，可能是系统没有得到机械手到达出料口的到位信号，检测机械手到达出料口到位信号是通过接近开关 12PX6 检测的，接入 PLC 输入 I12.6，而检查该接近开关正常没有问题，那么可能是碰块与接近开关的距离有问题。检查这个距离确实有些偏大，原来是接近开关有些松动，将接近开关的位置调整好并紧固后，这时机床正常工作。

（2）多观察机床结构。多观察机床结构，包括机械装置、液压装置、各种开关位置及机床电器柜的元件位置等，从而可以了解掌握机床的结构以及各个结构的功能，在机床出现故障时，因为熟悉机床结构，很容易就会发现发生故障的部位，从而尽快排除故障。

（3）多观察故障现象。对于复杂的故障，反复观察故障现象是非常必要的，只有把故障现象搞清楚，才有利于故障的排除。所以数控机床出现故障时，要注重故障现象的观察。

例如一台采用西门子系统的数控机床经常出现报警 118 "Control loop hardware"，指示 Y 轴伺服控制环有问题，关机再开，机床还可以工作。反复观察故障现象，发现每次出现故障报警时，Y 轴都是运动到 210mm 左右。

为了进一步确认故障，开机后不作轴向运动，在静态时几个小时也不出故障报警，因此怀疑这个故障与运动有关。根据机床工作原理，这台机床的位置反馈元件采用光栅尺，光栅尺的电缆随滑台一起运动，每班都要往复运动上千次，因此怀疑连接电缆可能经常运动使个别导线折断，导致接触不良，对电缆进行仔细检查，发现有一处确实有部分导线折断，将电缆折断部分拆开，焊接处理后，机床运行再也没有出现这个报警。

4. 多思考

（1）多思考，开阔视野。维修数控机床时要冷静，要进行多方面分析，不要不思考就贸然下手。例如一台采用 FANUC-0TC 系统的数控车床，工作中突然出现故障，系统断电关机，重新启动，系统启动不了，检查发现 24V 电源自动开关断开，对负载回路进行检查发现对地短路，短路故障是非常难于发现故障点的，如果逐段检查非常繁琐。所以当时没有贸然下手，而是对图样进行分析，并向操作人员询问，故障是在什么情况下发生的，据操作人员反映是在踩完脚踏开关之后，机床就出现故障了。根据这一线索，首先检查脚踏开关，发现确实是脚踏开关对地短路，处理后，机床恢复了正常工作。

（2）多思考，知其所以然。一些数控机床出现故障后，有时在检查过程中会发现一些问题，如果把发现的问题搞清楚，有助于对机床原理的理解，也有助于故障的维修。要知其然，还要知其所以然。

例如一台采用 FANUC-0TC 系统的数控机床出现自动开关跳闸报警，打开电器柜发现 110V 电源的自动开关跳闸，检查负载没有发现电源短路和对地短路，但在接通电源开关的时候，电源总开关直接跳闸，因此怀疑 110V 电源负载有问题。

为了进一步检查故障，将 110V 电源自动开关下面连接的两根电源线拆下一根，这时开总电源，电源可以加上，但在数控系统准备好后，按机床准备按钮时，这个自动开关又自动跳闸，对 110V 电源负载进行逐个检查，发现卡盘卡紧电磁阀 7SOL1 线圈短路。如图 10-2 所示，当机床准备时，PLC 输出 Q3.1 输出高电平，继电器 K31 得电，K31 触点闭合，110V 电源为电磁阀 7SOL1 供电，因为线圈短路电流过大，所以 110V 电源的自动开关跳闸。更换电磁阀后机床恢复正常工作。但为什么另一个电源线一接上，总电源开关接通后就跳闸呢？

顺着这根连线进行检查，发现连接到电器柜的门开关上，接着顺藤摸瓜发现经过门开关后又连接到电源总开关的脱扣线圈上，如图 10-3 所示，原来是起保护作用，当电器柜打开时，不允许非专业人员合上总电源。知道这样的功能，对维修其他机床也有参考作用，避免走弯路。

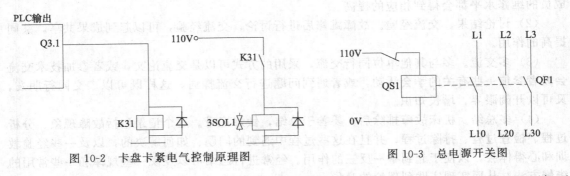

图 10-2　卡盘卡紧电气控制原理图　　　　图 10-3　总电源开关图

（3）多思考，防患于未然。数控机床出现故障后，在维修过程中，发现问题后，不但要解决问题，还要研究发生故障的原因，并采取措施防止故障再次发生，或者延长使用时间。

例如一台采用西门子 810 系统的数控机床出现报警 1721 "CONTROL LOOPHARD-WARE"（控制环硬件），指示 Z 轴反馈回路有问题，经检查为编码器损坏，更换编码器故障消除。研究故障产生的原因，原来是机床切削液排出不畅，致使编码器和电缆插头浸泡在切削液中，为此采取措施，在编码器附近加装排水装置和溢流装置，使编码器再也不会浸入切削液中，防止故障再次发生。又如一台采用西门子 810 系统的数控机床一次出现故障，在磨削加工时，磨轮撞到工件上，致使 7 万余元的进口磨轮报废。

分析故障原因，是编码器出现故障，更换编码器后，机床恢复正常工作。研究故障发生的原因：一是该机床采用油冷却，冷却油雾进入编码器，使编码器工作不稳定；二是执行加工程序时，砂轮首先快速接近工件，在距离工件 0.5mm 时使用磨削速度磨削工件。为了减少故障频次和损失，首先采取保护措施使编码器尽量少进油雾，其次对加工程序进行改进，在距离工件 10mm 时停止快移，然后以 5 倍磨削速度进给到距离工件 0.5mm 的位置，然后再进行磨削，这样即使编码器出现问题，也不至于磨轮撞到工件，只可能将工件磨废，减少损失，并可以及时发现问题。

5. 多实践

（1）多实践，积累维修经验。多处理数控机床的故障，可以积累维修经验，提高维修水平和处理问题的能力，并能更多地掌握维修技巧。

（2）多实践，在实践中学习。在维修中学习维修，排除机床故障的过程也是学习的过程。机床出现故障时，分析故障的过程，也是对机床和数控系统工作原理熟悉的过程，并且通过对故障疑点的逐步排查，可以掌握机床工作程序和引起故障的各种因素，也可以发现一些规律。通过在实践中的学习，可以积累经验，如果再出现相同的故障，虽然不一定是同一种原因，但根据以往的处理经验，很快就可以排除故障。另外还可以举一反三，虽然有许多故障是第一次发生，但通过实践中积累的经验可以触类旁通，提高维修机床的能力和效率。

例如，一台采用西门子 3M 系统的数控机床，在排除数控机床找不到参考点的故障时，发现 Y 轴编码器有问题，更换编码器时，系统出现报警 118 "CONTROL LOOPHARD-WARE"（控制环硬件），指示 Y 轴伺服控制环出现问题，经检查发现编码器电缆插头没有连接好，有了这样的经验后，数控机床以后出现 1×4 报警时，从检查伺服反馈回路入手，很快就能确诊故障。

6. 多讨论、多交流

（1）讨论怎样排除故障。当数控机床出现故障难于排除时，可以成立小组，取长补短，使用鱼刺图，采用头脑风暴的方法，群策群力，从故障现象出发，尽可能多地列出可能的故障原因，然后逐一排除，最终找出故障的真正原因，从而排除故障。通过这样的过程，小组成员的维修水平都会得到相应的提高。

（2）讨论结果、交流经验。故障维修后进行讨论，交流经验，可以起到成果共享，共同提高的作用。

（3）多交流。多与其他单位同行交流，采用的方式可以是交流论文，或者参加技术交流会或者参加一些有关的学会活动，或者遇到问题进行交流探讨，这样既可以广交同行朋友，又可以开阔眼界，增长知识。

（4）多总结。机床故障排除后，要善于总结，做好记录。这个记录包括故障现象、分析过程、检查过程、排除过程，并且在这些过程中遇到的问题、如何解决的，以及一些经验教训和心得体会，以便于起到举一反三的作用。经常进行总结可以发现一些规律和一些常用的维修方法，从而实现实践到理论的升华。

（六）数控机床的维护

数控系统经过长期使用后，一些元器件会老化或者损坏。如果及时开展有效的维护工作，可以延长元器件的工作寿命，延长机械部件的磨损周期，防止各种故障，特别是恶性故障的发生。具体的日常维护保养在数控机床、数控系统的使用、维护说明书中都有明确的规定。概括起来应注意以下几个方面。

1. 操作规程和日常维护制度

数控机床的编程、操作、维修人员必须经过专门的培训，熟悉所用数控机床的数控系统的使用环境、条件等，能按机床和系统使用说明书中的要求正确、合理地使用，应尽量避免因操作不当而引起的故障。通常新投入使用的数控机床或者由新操作人员操作数控机床，机床容易出现故障。在数控机床使用的第 1 年，有二分之一的机床故障是由于操作不当引起的。应根据操作规程的要求，针对数控机床各个部件的特点，编制保养条例，并且严格执行。

2. 应尽量少开电气柜的柜门

在机械加工现场，空气中含有大量的油雾、灰尘甚至金属粉末，一旦它们散落在数控机床控制部分的电路板或者电子器件上，容易引起元器件绝缘电阻下降，甚至导致元器件及电路板的损坏。有的用户在夏天为了使控制系统超负荷长期使用，采取打开控制柜的柜门来散热，这是一种极不可取的方法，其最终将导致控制系统的加速损坏。正确的方法是降低控制系统的外部环境温度。因此应该有一个严格的规定，除非进行必要的调整和维修，否则不允许随意开启电气柜柜门，更不允许在使用时敞开柜门。

一些已受尘埃、油雾污染的电路板和接插件，可采用专门的电子清洗剂喷洗。在清洁接插件时可对插孔喷射足够的液雾后，将原来插脚插入，再拔出，即可将脏物带出，可反复进行，直至全部清洁为止。接插件插接好后，多余的清洁剂自然滴出，将其擦除干净，经过一段时间之后，自然干燥的清洁剂会在非接触面形成绝缘层，使其绝缘良好。在清洗受污染的电路板时，可用清洁剂对电路进行喷洗，喷完后，将电路板立放，使尘污随多余的清洁剂的液体一起流出，待晾干后即可使用。

3. 定期检查控制系统的冷却通风装置

数控系统的控制元件都在电气柜中。大部分的电气柜都采用制冷装置或者通风装置，为了减少数控系统因过热引起的损坏，应经常检查冷却或者通风装置的效果，经常清洁过滤装置和换风扇，保证冷却效果。冷却效果好，可减少控制系统元器件的老化程度，延长系统的使用寿命。

4. 定期更换系统备用电池

因为很多机床数据、加工程序都存在系统随机存储器 RAM 中。备用电池在系统断电时，给存储器供电，保证这些数据不至于在系统断电时丢失。在一般情况下，即使电池尚未失效，为了使系统可靠工作，也要一年更换一次电池。另外一定要注意，更换电池一定要在系统供电的状态下进行，这样才不至于将存储器中的数据丢失。一旦系统数据、程序丢失，在更换新电池后，可将数据、程序重新输入，这时机床才能正常工作。

5. 数控机床要满负荷工作

应该提高数控机床的使用率，这里所说的使用率就是要让数控机床满负荷工作，不要让机床闲置。如果闲置时，最好经常通电，因为数控系统经常在长期停用后重新启动时出现故障。在夏天雨季时，空气湿度较大，特别在南方的梅雨季节，数控机床尽量不要关机，以靠自身的发热及风扇作用，使水分不凝结在电路板上，防止开机通电时烧毁数控系统的电气元器件。

6. 加强润滑管理

为了保证数控机床机械部件的正常运行，减少机械磨损和因为机械部件磨损严重引起的机床故障，应保证机床的润滑。润滑质量提高，可以增加数控机床机械故障的平均无故障时间。因此要经常检查润滑装置、润滑油油量、润滑油油质及润滑效果。如发现异常，及时排除。

7. 检查电源的供电质量

供数控机床使用的电源电压范围为规定范围之内（−15％～10％），并且波动不要太大，如果超出此范围，轻则系统不能正常工作，重则会造成电子部件损坏。因此要经常注意电网电压的波动。还要经常检查电源三相是否平衡。接地是否良好，以确保电源的可靠性。

8. 定期检查和更换直流电动机的电刷

对于使用直流电动机的数控机床，直流电动机电刷的过度磨损将会影响电动机的性能，甚至造成电动机的损伤。为此，应对电动机电刷定期检查、更换。检查步骤如下。

（1）要在系统断电状态，且电动机已经完全冷却的情况下进行检查。

（2）取下橡胶刷帽，用螺钉旋具拧下刷盖取出电刷。

（3）测量电刷长度，如磨损到原来长度的一半左右时必须更换同型号的电刷。

（4）仔细检查电刷的弧形接触面是否有深沟或裂缝，以及电刷弹簧上有无打火痕迹，如有上述现象必须用新电刷更换。更换后如果下次检查还出现这种现象，则应考虑电动机的工作条件是否过分恶劣或检查电动机是否有问题。

（5）用不含金属粉末、水分的压缩空气吹电刷孔，吹掉沾在孔壁上的电刷粉粒。如果难以吹掉，可用螺钉旋具刀尖轻轻清理，直至孔壁全部干净为止。但要注意不要碰到换向器表面。

（6）重新安装电刷，拧紧刷盖。如果要更换电刷，要使电动机空运行一段时间，进行磨合，使电刷表面与换向器表面吻合良好。

（七）数控机床维护与保养的点检管理

由于数控机床集机、电、液、气等技术为一体，所以对它的维护要有科学的管理，有目的地制定出相应的规章制度。对维护过程中发现的故障隐患应及时清除，避免停机待修，从而延长设备平均无故障时间，增加机床的利用率。开展点检是数控机床维护的有效办法。

以点检为基础的设备维修是日本在引进美国的预防维修制的基础上发展起来的一种点检管理制度。点检就是按有关维护文件的规定，对设备进行定点、定时的检查和维护。其优点是可以把出现的故障随时地消灭在萌芽状态，防止过修或欠修，缺点是定期点检工作量大。

这种在设备运行阶段以点检为核心的现代维修管理体系，能达到降低故障率和维修费用，提高维修效率的目的。我国自 20 世纪 80 年代初引进日本的设备点检定修制，把设备操作者、维修人员和技术管理人员有机地组织起来，按照规定的检查标准和技术要求，对设备可能出现问题的部位，定人、定点、定量、定期、定法地进行检查、维修和管理，保证了设备持续、稳定地运行，促进了生产发展和经营效益的提高。

数控机床的点检，是开展状态监测和故障诊断工作的基础，主要包括下列内容。

（1）定点　首先要确定一台数控机床有多少个维护点，科学地分析这台设备，找准可能发生故障的部位。只要把这些维护点"看住"，有了故障就会及时发现。

（2）定标　对每个维护点要逐个制定标准，例如间隙、温度、压力、流量、松紧度等，都要有明确的数量标准，只要不超过规定标准就不算故障。

（3）定期　多长时间检查一次，要定出检查周期。有的点可能每班要检查几次，有的点可能一个或几个月检查一次，要根据具体情况确定。

（4）定项　每个维护点检查哪些项目也要有明确规定。每个点可能检查一项，也可能检查几项。

（5）定人　由谁进行检查，是操作者、维修人员还是技术人员，应根据检查部位和技术精度要求，落实到人。

（6）定法　怎样检查也要有规定，是人工观察还是用仪器测量，是采用普通仪器还是精密仪器。

（7）检查　检查的环境、步骤要有规定，是在生产运行中检查还是停机检查，是解体检查还是不解体检查。

（8）记录　检查要详细做记录，并按规定格式填写清楚。要填写检查数据及其与规定标准的差值、判定印象、处理意见，检查者要签名并注明检查时间。

（9）处理　检查中间能处理和调整的要及时处理和调整，并将处理结果记入处理记录。没有能力或没有条件处理的，要及时报告有关人员，安排处理。但任何人、任何时间处理都要填写处理记录。

（10）分析　检查记录和处理记录都要定期进行系统分析，找出薄弱"维护点"，即故障率高的点或损失大的环节，提出意见，交设计人员进行改进设计。

数控机床的点检可分为日常点检和专职点检两个层次。日常点检负责对机床的一般部件进行点检，处理和检查机床在运行过程中出现的故障，由机床操作人员进行。专职点检负责对机床的关键部位和重要部件按周期进行重点点检和设备状态监测与故障诊断，制定点检计划，做好诊断记录、分析维修结果，提出改善设备维护管理的建议，由专职维修人员进行。

数控机床的点检作为一项工作制度，必须认真执行并持之以恒，才能保证机床的正常运行。从点检的要求和内容上看，点检可分为专职点检、日常点检和生产点检三个层次，数控机床点检维修过程如图 10-4 所示。

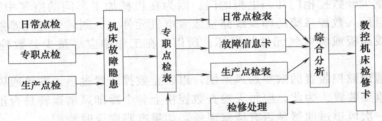

图 10-4　数控机床点检维修过程示意

（八）数控机床维护与保养的内容

预防性维护的关键是加强日常保养，主要的保养工作有下列内容。

（1）日检。其主要项目包括液压系统、主轴润滑系统、导轨润滑系统、冷却系统、气压系统。日检就是根据各系统的正常情况来加以检测。例如，当进行主轴润滑系统的过程检测时，电源灯应亮，油压泵应正常运转，若电源灯不亮，则应保持主轴停止状态，与机械工程师联系，进行维修。

（2）周检。其主要项目包括机床零件、主轴润滑系统，应该每周对其进行正确的检查，特别是对机床零件要清除铁屑，进行外部杂物清扫。

（3）月检。主要是对电源和空气干燥器进行检查。电源电压在正常情况下额定电压 180～220V，频率 50Hz，如有异常，要对其进行测量、调整。空气干燥器应该每月拆一次，然后进行清洗、装配。

（4）季检。季检应该主要从机床床身、液压系统、主轴润滑系统三方面进行检查。例如，对机床床身进行检查时，主要看机床精度、机床水平是否符合手册中的要求，如有问题，应马上和机械工程师联系。对液压系统和主轴润滑系统进行检查时，如有问题，应分别更换新油 60L 和 20L，并对其进行清洗。

（5）半年检。半年后，应该对机床的液压系统、主轴润滑系统以及 X 轴进行检查，如出现毛病，应该更换新油，然后进行清洗工作。

全面地熟悉及掌握了预防性维护的知识后，还必须对油压系统异常现象的原因与处理有更深的了解及必要的掌握。如当油泵不喷油、压力不正常、有噪声等现象出现时，应知道主要原因有哪些，有什么相应的解决方法。对油压系统异常现象的原因与处理，主要应从三方面加以了解。

（1）油泵不喷油。主要原因可能有油箱内液面低、油泵反转、转速过低、油黏度过高、油温低、过滤器堵塞、吸油管配管容积过大、进油口处吸入空气、轴和转子有破损处等，对主要原因有相应的解决方法，如注满油、确认标牌，当油泵反转时变更过来等。

（2）压力不正常。即压力过高或过低。其主要原因也是多方面的，如压力设定不适当、压力调节阀线圈动作不良、压力表不正常、油压系统有漏等。相应的解决方法有按规定压力设置拆开清洗、换一个正常压力表、按各系统依次检查等。

（3）有噪声。噪声主要是由油泵和阀产生的。当阀有噪声时，其原因是流量超过了额定标准，应该适当调整流量；当油泵有噪声时，原因及其相应的解决办法也是多方面的，如油的黏度高、油温低，解决方法为升油温；油中有气泡时，应放出系统中的空气等。

总而言之，要想做好数控机床的预防性维护工作，关键是要了解日常维护与保养的知识。

（九）数控装置的日常维护与保养

（1）严格制定并且执行 CNC 系统日常维护的规章制度。根据不同数控机床的性能特点，严格制定其 CNC 系统日常维护的规章制度，并且在使用和操作中要严格执行。

（2）应尽量少开数控柜门和强电柜的门。因为在机械加工车间的空气中往往含有油雾、尘埃，它们一旦落入数控系统的印刷线路板或者电气元件上，则易引起元器件的绝缘电阻下降，甚至导致线路板或者电气元件的损坏。所以，在工作中应尽量少开数控柜门和强电柜的门。

（3）定时清理数控装置的散热通风系统，以防止数控装置过热。散热通风系统是防止数控装置过热的重要装置。为此，应每天检查数控柜上各个冷却风扇运转是否正常，每半年或者一季度检查一次风道过滤器是否有堵塞现象，如果有则应及时清理。

（4）注意 CNC 系统输入/输出装置的定期维护。例如 CNC 系统的输入装置中磁头的清洗。

（5）定期检查和更换直流电动机电刷。在 20 世纪 80 年代生产的数控机床，大多数采用直流伺服电动机，这就存在电刷的磨损问题，为此对于直流伺服电动机需要定期检查和更换直流电动机电刷。

（6）经常监视 CNC 装置用的电网电压。CNC 系统对工作电网电压有严格的要求。例如 FANUC 公司生产的 CNC 系统，允许电网电压在额定值的 85％～110％范围内波动，否则会造成 CNC 系统不能正常工作，甚至会引起 CNC 系统内部电子元件的损坏。为此要经常检测电网电压，并控制在额定值的 -15％～10％内。

（7）存储器用电池的定期检查和更换。通常，CNC 系统中部分 CMOS 存储器中的存储内容在断电时靠电池供电保持。一般采用锂电池或者可充电的镍镉电池。当电池电压下降到一定值时，就会造成数据丢失，因此要定期检查电池电压。当电池电压下降到限定值或者出现电池电压报警时，就要及时更换电池。更换电池时一般要在 CNC 系统通电状态下进行，这才不会造成存储参数丢失。一旦数据丢失，在调换电池后，可重新输入参数。

（8）CNC 系统长期不用时的维护。当数控机床长期闲置不用时，也要定期对 CNC 系统进行维护保养。在机床未通电时，用备份电池给芯片供电，保持数据不变。机床上电池在电压过低时，通常会在显示屏幕上给出报警提示。在长期不使用时，要经常通电检查是否有报警提示，并及时更换备份电池。经常通电可以防止电器元件受潮或印制板受潮短路或断路等长期不用的机床，每周至少通电两次以上。具体做法如下。

① 应经常给 CNC 系统通电，在机床锁住不动的情况下，让机床空运行。

② 在空气湿度较大的梅雨季节，应天天给 CNC 系统通电，这样可利用电器元件本身的发热来驱走数控柜内的潮气，以保证电器元件的性能稳定可靠。生产实践证明，如果长期不用的数控机床，过了梅雨天后则往往一开机就容易发生故障。

此外，对于采用直流伺服电动机的数控机床，如果闲置半年以上不用，则应将电动机的电刷取出来，以避免由于化学腐蚀作用而导致换向器表面的腐蚀，确保换向性能。

（9）备用印刷线路板的维护。对于已购置的备用印刷线路板应定期装到 CNC 装置上通电运行一段时间，以防损坏。

（10）CNC 发生故障时的处理。一旦 CNC 系统发生故障，操作人员应采取急停措施，停止系统运行，并且保护好现场。并且协助维修人员做好维修前期的准备工作。

（十）数控车床及车削加工中心的安全操作规程

数控车床及车削加工中心主要用于加工回转体零件，其安全操作规程如下。

（1）工作前，必须穿戴好规定的劳保用品，并且严禁喝酒；工作中，要精神集中，细心操作，严格遵守安全操作规程。

（2）开动机床前，要详细阅读机床的使用说明书，在未熟悉机床操作前，勿随意动机床。为了安全，开动机床前务必详细阅读机床的使用说明书，并且注意以下事项。

① 交接班记录。操作者每天工作前先看交接班记录，再检查有无异常现象后，观察机床的自动润滑油箱油液是否充足，然后再手动操作加几次油。

② 电源

a. 在接入电源时，应当先接通机床主电源，再接通 CNC 电源；但切断电源时按相反顺序操作。

b. 如果电源方面出现故障时，应当立即切断主电源。

c. 送电、按按钮前，要注意观察机床周围是否有人在修理机床或电器设备，防止误伤他人。

d. 工作结束后，应切断主电源。

③ 检查

a. 机床投入运行前，应按操作说明书叙述的操作步骤检查全部控制功能是否正常，如果有问题则排除后再工作。

b. 检查全部压力表所表示的压力值是否正常。

④ 紧急停止。如果遇到紧急情况，应当立即按停止按钮。

（3）数控车床及车削加工中心的一般安全操作规程如下。

① 操作机床前，一定要穿戴好劳保用品，不要戴手套操作机床。

② 操作前必须熟知每个按钮的作用以及操作注意事项。

③ 使用机床时，应当注意机床各个部位警示牌上所警示的内容。

④ 机床周围的工具要摆放整齐，要便于拿放。

⑤ 加工前必须关上机床的防护门。

⑥ 刀具装夹完毕后，应当采用手动方式进行试切。

⑦ 机床运转过程中，不要清除切屑，要避免用手接触机床运动部件。

⑧ 清除切屑时，要使用一定的工具，应当注意不要被切屑划破手脚。

⑨ 要测量工件时，必须在机床停止状态下进行。

⑩ 工作结束后，应注意保持机床及控制设备的清洁，要及时对机床进行维护保养。

（4）操作中应特别注意的事项如下。

① 机床在通电状态时，操作者千万不要打开和接触机床上示有闪电符号的、装有强电装置的部位，以防被电击伤。

② 在维护电气装置时，必须首先切断电源。

③ 机床主轴运转过程中，务必关上机床的防护门，关门时务必注意手的安全，避免造成伤害。

④ 在打雷时，不要开机床。因为雷击时的瞬时高电压和大电流易冲击机床，造成烧坏模块或丢失改变数据，造成不必要的损失，所以，应做到以下几点：

a. 打雷时不要开启机床；

b. 在数控车间房顶上应架设避雷网；

c. 每台数控机床接地良好，并保证接地电阻小于 8Ω。

⑤ 禁止打闹、闲谈、睡觉和任意离开岗位，同时要注意精力集中，杜绝酗酒和疲劳操作。

（5）做到文明生产，加工操作结束后，必须打扫干净工作场地、擦拭干净机床、并且切断系统电源后才能离开。

（十一）数控铣床及加工中心的安全操作规程

数控铣床及加工中心主要用于非回转体类零件的加工，特别是在模具制造业应用广泛。其安全操作规程如下。

（1）开机前，应当遵守以下操作规程。

① 穿戴好劳保用品，不要戴手套操作机床。

② 详细阅读机床的使用说明书，在未熟悉机床操作前，切勿随意动机床，以免发生安全事故。

③ 操作前必须熟知每个按钮的作用以及操作注意事项。

④ 注意机床各个部位警示牌上所警示的内容。

⑤ 按照机床说明书要求加装润滑油、液压油、切削液，接通外接气源。

⑥ 机床周围的工具要摆放整齐，要便于拿放。

⑦ 加工前必须关上机床的防护门。

（2）在加工操作中，应当遵守以下操作规程。

① 文明生产，精力集中，杜绝酗酒和疲劳操作；禁止打闹、闲谈、睡觉和任意离开岗位。

② 机床在通电状态时，操作者千万不要打开和接触机床上示有闪电符号的、装有强电装置的部位，以防被电击伤。

③ 注意检查工件和刀具是否装夹正确、可靠；在刀具装夹完毕后，应当采用手动方式进行试切。

④ 机床运转过程中，不要清除切屑，要避免用手接触机床运动部件。

⑤ 清除切屑时，要使用一定的工具，应当注意不要被切屑划破手脚。

⑥ 要测量工件时，必须在机床停止状态下进行。

⑦ 在打雷时，不要开机床。因为雷击时的瞬时高电压和大电流易冲击机床，造成烧坏模块或丢失改变数据，造成不必要的损失。

（3）工作结束后，应当遵守以下操作规程。

① 如实填写好交接班记录，发现问题要及时反映。

② 要打扫干净工作场地，擦拭干净机床，应注意保持机床及控制设备的清洁。

③ 切断系统电源，关好门窗后才能离开。

（十二）特种加工机床的安全操作规程

生产中应用较为广泛的特种加工机床主要包括电火花成形加工机床和电火花线切割加工机床。因此，这里主要针对这两种特种加工机床的安全操作规程加以阐述。

1. 电火花成形加工机床的安全操作规程

（1）开机前，要仔细阅读机床的使用说明书，在未熟悉机床操作前，切勿随意动机床，以免发生安全事故。

（2）加工前注意检查放电间隙，即必须使接在不同极性上的工具和工件之间保持一定的距离以形成放电间隙。一般为 0.01～0.1mm 左右。

（3）工具电极的装夹与校正必须保证工具电极进给加工方向垂直于工作台平面。

（4）保证加在液体介质中的工件和工具电极上的脉冲电源输出的电压脉冲波形是单向的。

（5）要有足够的脉冲放电能量，以保证放电部位的金属熔化或气化。

（6）放电必须在具有一定绝缘性能的液体介质中进行。

（7）操作中要注意检查工作液系统过滤器的滤芯，如果出现堵塞时要及时更换，以确保工作液能自动保持一定的清洁度。

（8）对于采用易燃类型的工作液，使用中要注意防火。

（9）做到文明生产，加工操作结束后，必须打扫干净工作场地、擦拭干净机床，并且切断系统电源后才能离开。

2. 电火花线切割加工机床的安全操作规程

由于电火花线切割加工是在电火花成形加工基础上发展起来的，它是用线状电极（钼丝或铜丝）通过火花放电对工件进行切割。因此，电火花线切割加工机床的安全操作规程与电火花成形加工机床的安全操作规程大部分相同。此外，操作中还要注意以下几项。

（1）在绕线时要保证电极丝有一定的预紧力，以减少加工时线电极的振动幅度，提高加工精度。

（2）检查工作液系统中装有去离子树脂筒，以确保工作液能自动保持一定的电阻率。

（3）在放电加工时，必须使工作液充分地将电极丝包围起来，以防止因电极丝在通过大脉冲电流时产生的热而发生断丝现象。

（4）加强机床机械装置的日常检查、防护和润滑。

（5）做到文明生产，加工操作结束后，必须打扫干净工作场地、擦拭干净机床，并且切断系统电源后才能离开。

想一想

（1）简述数控机床点检工作的主要内容。

（2）简述数控主轴部件的维护与保养。

（3）简述数控机床进给传动机构的维护与保养。

（4）液压系统维护有哪些内容？

（5）简述数控机床气动系统的维护与保养。

（6）刀库及换刀机械手维护有哪些要求？

（7）试述数控系统日常维护内容。

做一做

1. 组织体系

每个班分为三个学习组，分别任命各组组长，负责对本组进行出勤、学习态度考核。

2. 实训地点

数控实训基地机床车间。

3. 实训步骤

（1）分析具体机床资料、机床构成，确定机床维护保养重点部位；

（2）根据机床使用情况，制定机床维护保养策略；

（3）根据维护保养策略和人员配置，制定机床维护保养手册；

（4）根据数控实训基地的机床做维护保养的实际操作；

（5）提交报告。

4. 实训总结

在教师的指导下总结数控机床维护保养重点部位、方法，掌握各类机床的安全操作规程。

任务十一　数控机床的故障处理

一、能力目标

（一）知识要求

(1) 了解数控机床常见故障现象与故障分类方法、数控机床的故障诊断技术等方面知识。

(2) 掌握常见数控机床故障实用诊断处理方法方面的知识。

（二）技能要求

(1) 具有数控机床故障分类，数控机床的故障诊断技术的能力。

(2) 具有常见数控机床故障实用诊断处理方法的能力。

二、任务说明

（一）教学目标

能够根据具体机床操作说明书、维修说明书、设备档案及时诊断、处理数控机床的常见故障。

（二）教学媒体

实训基地各类机床、实训基地机床资料、网络、数控机床故障模拟试验台。

（三）教学说明

结合实训基地设备环境和数控设备的操作、维护手册，依据数控机床设备管理档案，采用案例法、头脑风暴法等具体说明机床的故障判断方法。

（四）学习说明

在安排到实习单位的过程中，收集各种关于数控设备的维护、故障诊断资料，理论联系实际学习数控机床的故障判断方法。提高解决数控机床故障诊断、维护保养能力。提交报告。

三、相关知识

（一）数控机床的故障与故障分类

数控机床全部或部分丧失了规定功能的现象称为数控机床的故障。

数控机床是机电一体化的产物，技术先进、结构复杂。数控机床的故障也是多种多样、各不相同，故障原因一般都比较复杂，这给数控机床的故障诊断和维修带来不少困难。为了便于机床的故障分析和诊断，按故障的性质、故障产生的原因和故障发生的部位等因素大致把数控机床的故障划分为以下几类。

1. 按数控机床发生的故障性质分类

（1）系统性故障　这类故障是指只要满足一定的条件，机床或者数控系统就必然出现的故障。例如电网电压过高或者过低，系统就会产生电压过高报警或者过低报警；切削量过大时，就会产生过载报警等。

例如一台采用 SINUMERIK 810 系统的数控机床在加工过程中，系统有时自动断电关机，重新启动后，还可以正常工作。根据系统工作原理和故障现象怀疑故障原因是系统供电电压波动，测量系统电源模块上的 28V 输入电源，发现为 22.7V 左右，当机床加工时，这个电压还向下波动，特别是切削量大时，电压下降就大，有时接近 21V，这时系统自动断电关机，为了解决这个问题，更换容量大的 28V 电源变压器将这个故障彻底消除。

（2）随机故障 这类故障是指在同样条件下，只偶尔出现一次或者两次的故障。要想人为地再现同样的故障则是不容易的，有时很长时间也很难再遇到一次。这类故障的分析和诊断是比较困难的。一般情况下，这类故障往往与机械结构的松动、错位，数控系统中部分元件工作特性的漂移、机床电气元件可靠性下降有关。

例如一台数控沟槽磨床，在加工过程中偶尔出现问题，磨沟槽的位置发生变化，造成废品。分析这台机床的工作原理，在磨削加工时首先测量臂向下摆动到工件的卡紧位置，然后工件开始移动，当工件的基准端面接触到测量头时，数控装置记录下此时的位置数据，然后测量臂抬起，加工程序继续运行。

数控装置根据端面的位置数据，在距端面一定距离的位置磨削沟槽，所以沟槽位置不准与测量的准确与否有非常大的关系。因为不经常发生，所以很难观察到故障现象。因此根据机床工作原理，对测量头进行检查并没有发现问题；对测量臂的转动检查时发现旋转轴有些紧，可能测量臂有时没有精确到位，使测量产生误差。将旋转轴拆开检查发现已严重磨损，制作新备件，更换上后再也没有发生这个故障。

2. 按故障类型分类

按照机床故障的类型区分，故障可分为机械故障和电气故障。

（1）机械故障 这类故障主要发生在机床主机部分，还可以分为机械部件故障、液压系统故障、气动系统故障和润滑系统故障等。

例如一台采用 SINUMERIK 810 系统的数控淬火机床开机回参考点、走 X 轴时，出现报警 1680 "SERVOENABLETRAV. AXISX"，手动走 X 轴也出现这个报警，检查伺服装置，发现有过载报警指示。根据西门子说明书产生这个故障的原因可能是机械负载过大、伺服控制电源出现问题、伺服电动机出现故障等。

本着先机械后电气的原则，首先检测 X 轴滑台，手动盘动 X 轴滑台，发现非常沉，盘不动，说明机械部分出现了问题。将 X 轴滚珠丝杠拆下检查，发现滚珠丝杠已锈蚀，原来是滑台密封不好，淬火液进入滚珠丝杠，造成滚珠丝杠的锈蚀，更换新的滚珠丝杠，故障消除。

（2）电气故障 电气故障是指电气控制系统出现的故障，主要包括数控装置、PLC 控制器、伺服单元、CRT 显示器、电源模块、机床控制元件以及检测开关的故障等。这部分的故障是数控机床的常见故障，应该引起足够的重视。

3. 按数控机床发生故障后有无报警显示分类

按故障产生后有无报警显示，可分为有报警显示故障和无报警显示故障两类。

1）有报警显示故障 这类故障又可以分为硬件报警显示和软件报警显示两种。

（1）硬件报警显示的故障 硬件报警显示通常是指各单元装置上指示灯的报警指示。在数控系统中有许多用以指示故障部位的指示灯，如控制系统操作面板、CPU 主板、伺服控制单元等部位，一旦数控系统的这些指示灯指示故障状态后，根据相应部位上指示灯的报警含义，均可以大致判断故障发生的部位和性质，这无疑会给故障分析与诊断带来极大好处。因此维修人员在日常维护和故障维修时应注意检查这些指示灯的状态是否正常。

（2）软件报警显示的故障 软件报警显示通常是指数控系统显示器上显示出的报警号和报警信息。由于数控系统具有自诊断功能，一旦检查出故障，即按故障的级别进行处理，同时在显示器上显示报警号和报警信息。

软件报警又可分为 NC 报警和 PLC 报警，前者为数控部分的故障报警，可通过报警号，在《数控系统维修手册》上找到这个报警的原因与怎样处理方面的内容，从而确定可能产生故障的原因；PLC 报警的报警信息来自机床制造厂家编制的报警文本，大多属于机床侧的故障报警，遇到这类故障，可根据报警信息，或者 PLC 用户程序确诊故障。

2）无报警显示故障　这类故障发生时没有任何硬件及软件报警显示，因此分析诊断起来比较困难。对于没有报警的故障，通常要具体问题具体分析。遇到这类问题，要根据故障现象、机床工作原理、数控系统工作原理、PLC 梯形图以及维修经验来分析诊断故障。

例如一台数控淬火机床经常自动断电关机，停一会再开还可以工作。分析机床的工作原理，产生这个故障的原因一般都是系统保护功能起作用，所以首先检查系统的供电电压为28V，没有问题；在检查系统的冷却装置时，发现冷却风扇过滤网堵塞，出故障时恰好是夏季，系统因为温度过高而自动停机，更换过滤网，机床恢复正常使用。

又如一台采用德国 SINUMERIK 810 系统的数控沟槽磨床，在自动磨削完工件、修整砂轮时，带动砂轮的 Z 轴向上运动，停下后砂轮修整器并没有修整砂轮，而是停止了自动循环，但屏幕上没有报警指示。根据机床的工作原理，在修整砂轮时，应该喷射冷却液，冷却砂轮修整器，但多次观察发生故障的过程，却发现没有切削液喷射。切削液电磁阀控制原理图如图 11-1 所示，在出现故障时利用数控系统的 PLC 状态显示功能，观察控制切削液喷射电磁阀的输出 Q4.5，其状态为"1"，没有问题，根据电气原理图它是通过直流继电器 K45 来控制电磁阀的，检查直流继电器 K45 也没有问题，接着检查电磁阀，发现电磁阀的线圈上有电压，说明问题是出在电磁阀上，更换电磁阀，机床故障消除。

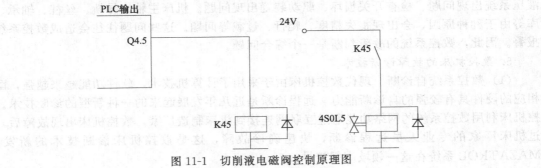

图 11-1　切削液电磁阀控制原理图

4. 按故障发生部位分类

按机床故障发生的部位可把故障分为如下几类。

1）数控装置部分的故障　数控装置部分的故障又可以分为软件故障和硬件故障。

（1）软件故障　有些机床故障是由于加工程序编制出现错误造成的，有些故障是由于机床数据设置不当引起的，这类故障属于软件故障。只要将故障原因找到并修改后，这类故障就会排除。

（2）硬件故障　有些机床故障是因为控制系统硬件出现问题，这类故障必须更换损坏的器件或者维修后才能排除故障。

例如一台数控冲床出现故障，屏幕没有显示，检查机床控制系统电源模块的 28V 输入电源，没有问题，NC-ON 信号也正常，但在电源模块上没有 5V 电压，说明电源模块损坏，维修后，机床恢复正常使用。

2）PLC 部分的故障

（1）软件故障　由于 PLC 用户程序编制有问题，在数控机床运行时满足一定的条件即可发生故障。另外，PLC 用户程序编制的不好，经常会出现一些无报警的机床侧故障，所以 PLC 用户程序要编制的尽量完善。

（2）硬件故障　由于 PLC 输入/输出模块出现问题而引起的故障属于硬件故障。有时个别输入输出口出现故障，可以通过修改 PLC 程序，使用备用接口替代出现故障的接口，从而排除故障。

例如一台采用德国 SIEMENS 810 系统的数控磨床，自动加工不能连续进行，磨削完一个工件后，主轴砂轮不退回修整，自动循环中止。分析机床的工作原理，机床的工作状态是通过机床操作面板上的钮子开关设定的，钮子开关接入 PLC 的输入 E7.0，利用数控系统的 PLC 状态显示功能，检查其状态，但不管怎样拨动钮子开关，其状态一直为"0"，不发生变化，而检查开关没有发现问题，将该开关的连接线连接到 PLC 的备用输入接口 E3.0 上，这时观察这个状态的变化，正常跟随钮子开关的变化，没有问题，由此证明 PLC 的输入接接口 E7.0 损坏，因为手头没有备件，将钮子开关接到 PLC 的 E3.0 的输入接口上，然后通过编程器将 PLC 程序中的所有 E7.0 都改成 E3.0，这时机床恢复了正常使用。

3）伺服系统故障　伺服系统的故障一般都是由于伺服控制单元、伺服电动机、测速装置、编码器等出现问题引起的。

例如一台数控车床使用 FANUC-0iTC 系统，系统出现 417 报警，报警信息为"SERVO ALARM：2-TH AXIS PARAMETER INCORRECT"，检查伺服系统参数设置发现，参数 NO：2023 被人修改成为负值（该参数为电动机一转的速度反馈脉冲数）。修改此参数，系统报警解除。

4）机床主体部分的故障　这类故障大多数是由于外部原因造成的，机械装置不到位、液压系统出现问题、检查开关损坏、驱动装置出现问题。机床主轴、导轨、丝杠、轴承、刀库等由于种种原因，会出现丧失精度、爬行、过载等问题。这些问题往往会造成数控系统的报警。因此，数控系统的故障判断是一个综合问题。

5. 数控机床的故障诊断技术

（1）数控系统自诊断　现代数控机床由于采用了计算机技术，软件功能越来越强，配合相应的硬件具有较强的自诊断能力。远程诊断是近几年发展起来的一种新型的诊断技术。数控机床利用数控系统的网络功能通过互联网连接到机床制造厂家，数控机床出现故障后，通过机床厂家的专业人员远程诊断，快速确诊故障，这是数控机床诊断技术的新发展。MAZATROL 系统在这一领域应用较早。

（2）开机自诊断　数控系统在通电开机后，都要运行开机自诊断程序，对连接的各种控制装置进行检测，发现问题立即报警，例如检测备用电池电压是否达到要求，若电压低于要求，系统就会产生报警，西门子系统电池报警是 1 号报警，提示维修人员立即更换电池，如果不能更换电池，在更换电池前不能停电。

（3）运行自诊断　数控机床在运行时，数控系统时刻监视机床的运行。数控装置对伺服系统、PLC 系统进行运行监视，如果发现问题及时报警，并且很多故障都会在屏幕上显示报警信息。在机床运行时，PLC 装置通过机床厂家编制的用户程序，实时监视数控机床的运行，如果发现故障或者发出的指令不执行，及时将相应的信号传递给数控装置，数控装置将会在屏幕上显示报警信息。

6. 在线诊断和离线诊断

（1）在线诊断　在线诊断是指通过数控系统的控制程序，在系统处于正常运行状态下，实时自动地对数控装置 PLC 控制器、伺服系统、PLC 的输入输出以及与数控装置相连的其他外部装置进行自动测试、检验，并显示有关状态信息和故障信息。系统除了在屏幕上显示报警号和报警内容外，还实时显示 NC 内部标志寄存器及 PLC 操作单元的状态，为故障诊断提供极大方便。

（2）离线诊断　当数控系统出现故障或者要判断是否真有故障时，往往要停止加工，并停机进行检查，这就是离线诊断。离线诊断的目的是修复系统和故障定位，力求把故障定位在尽可能小的范围，如缩小到某一区域或者某一模块等。

早期的数控装置采用诊断纸带对数控系统进行离线诊断，诊断纸带提供诊断所需的数据。诊断时将诊断纸带内容读入数控装置中的 RAM 中，系统中的微处理器根据相应的输出数据进行分析，以判断系统是否有故障，并确定故障位置。

（3）远程诊断　实现远程诊断的数控系统，必须具备计算机网络功能。因此，远程诊断是近几年发展起来一种新型的诊断技术。数控机床利用数控系统的网络功能通过互联网连接到机床制造厂家，数控机床出现故障后，通过机床厂家的专业人员远程诊断，快速确诊故障，这是数控机床诊断技术的新发展。

（二）数控机床故障的实用诊断方法

数控机床由于采用了机电一体化技术，技术先进、控制复杂，易出现故障，不掌握故障诊断与维修的方法，判断故障及维修的难度相当大。为了提高维修效率，下面介绍常用的故障诊断方法。

1．了解故障在什么情况下发生

当发生故障时为了更快地恢复机床，首先应正确地把握故障情况，进行妥善处理是最主要的，因此应根据下列内容确认故障情况。故障判断流程如图 11-2 所示。

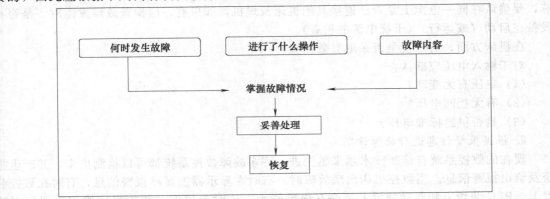

图 11-2　故障判断流程

1）"何时"发生的故障

（1）故障发生的日期及时间？

（2）是否是运行时发生的？（运行多久发生的）

（3）接通电源时发生的？

（4）是否在打雷、停电或对电源有干扰时发生的？

（5）多次出现？（发生的频率，几次/小时，几次/日，几次/月）

2）"进行了何种操作"后发生的故障

（1）发生故障时 CNC 的运行方式？

[JOG 方式/存储器（MEM）方式/MDI 方式/远程运行方式（RMT）?]

（2）程序运行时的情况？

① 发生故障时程序执行到什么位置？

② 程序号/顺序号？

③ 程序的内容？

④ 是否在轴移动中发生的？

⑤ 是否在 M/S/T 代码执行中发生的？

⑥ 发生故障时是否在执行程序？

（3）在此进行同样的操作是否发生同样的故障？（确认故障的再现性）

（4）是否在输入/输出数据时发生的故障？

3）当发生与进给轴伺服有关的故障

（1）是否在低速进给、高速进给时都发生故障？

（2）是否某一特定轴移动时发生的故障？发生了与主轴有关的故障时，主轴运行在加/减速状态？

4）发生的故障现象

（1）画面显示是否正常？

（2）报警画面显示的内容？

（3）如果加工尺寸不准确：

① 误差大小？

② 位置显示画面的尺寸是否正确？

③ 偏置量设定是否正确？

5）关于其他信息

装置附近是否有干扰发生源：故障发生频率低时，考虑电源电压的外部干扰因素的影响，要确认在同一电源上是否还连接其他机床及焊机，如果有，应检查故障发生时，是否有设备在启动（或运行）（干扰电源的检查）。

在机床方面，对干扰是否采取有效措施？

对于输入电压应确认：

（1）电压有无变动？

（2）有无相间电压？

（3）是否供给标准电压？

2. 根据报警信息进行故障诊断

现在的数控系统自诊断技术越来越先进，许多故障数控系统都可以检测出来，并产生报警及给出报警信息。当数控机床出现故障时，有时在显示器上显示报警信息，有时在数控装置上、PLC装置上和驱动装置上还会有报警指示。这时要根据《数控机床维修手册》对这些报警信息进行分析。

另外，机床厂家设计的PLC程序越来越完善，可以检测机床出现的故障并产生报警信息。所以在机床出现报警时，要注重报警信息的研究和分析，有些故障根据报警信息即可判断出故障的原因，从而排除故障。

例如一台使用西门子810系统的数控沟道磨床，开机后就产生1号报警显示"BATTERY ALARM POWER SUPPLY"很明显指示数控系统断电保护电池没电，更换新的电池后（注意：一定要在系统带电的情况下更换电池），将故障复位，机床恢复正常使用。

3. 利用 PL（M）C 的状态信息诊断故障

很多数控系统都有PLC输入、输出状态显示功能，如SIEMENS 810系统DIAGNOSIS菜单下的PLCSTATUS功能、FANUC 0系统DGNOSPARAM软件菜单下的PMC状态显示功能、日本MITSUBISHI公司MELDASL7系统DI-AGN菜单下的PLC-I/F功能、日本OKUMA系统的CHECKDATA功能等。利用这些功能，可以直接在线观察PLC的输入和输出的瞬时状态，这些状态的在线检测对诊断数控机床的很多故障是非常有用的。

数控机床的有些故障可以根据故障现象和机床的电气原理图，查看PLC相关的输入、输出状态即可确诊故障。

数控机床出现的大部分故障都是通过PLC装置检查出来的。PLC检测故障的机理就是通过运行机床厂家为特定机床编制的PLC梯形图（即程序），根据各种输入、输出状态进行逻辑判断，如果发现问题，产生报警并在显示器上产生报警信息。所以对一些 PLC 产生报警的故障，或一些没有报警的故障，可以通过分析 PLC 的梯形图对故障进行诊断，利用 NC 系统的梯形图显示功能或者机外编程器在线跟踪梯形图的运行，可提高诊断故障的速度和准确性。

例如一台数控磨床出现报警 6025 "Dresser arm lower time out"，指示修整臂下落超时。检查修整器的状态，发现修整器已经落下。手动抬起落下修整器正常没有问题，根据电气原理图，修整器落下是由位置开关 2LS5 检测的，开关 2LS5 接入 PLC 的输入 12.5，在系统 DIAGNOSIS 菜单下找到 PLCSTATUS 功能，在线检查 12.5 的状态，发现不管修整器落下还是升起，12.5 的状态一直是"0"，说明 PLC 没有接收到修整器到位信号。检查到位开关 2LS5 并没有发现问题，检查 12.5 的端子电平为"0"，说明 PLC 的输入口没有问题，最后检查线路连接，发现开关 2LS5 在电源端子 34 上的电源连线脱落，重新将开关连线连接到电源后，机床故障消失。

4. 利用 PL（M）C 程序（梯形图）跟踪法确诊故障

数控机床出现的绝大部分故障都是通过 PLC 程序检查出来的。有些故障可在屏幕上直接显示出报警原因，有些虽然在屏幕上有报警信息，但并没有直接反映出报警的原因，还有些故障不产生报警信息，只是有些动作不执行。遇到后两种情况，跟踪 PLC 梯形图的运行是确诊故障很有效的方法。FANUC 0 系统和 MITSUBISHI 系统本身就有梯形图显示功能，可直接监视梯形图的运行。西门子数控系统因为没有梯形图显示功能，对于简单的故障可根据梯形图通过 PLC 的状态显示信息，监视相关的输入、输出及标志位的状态，跟踪程序的运行，而复杂的故障必须使用编程器来跟踪梯形图的运行。

5. 利用机床数据维修机床

数控机床有些故障是由于机床数据设置不合理或者机床使用一段时间后需要调整。遇到这类故障将相应的机床数据做适当的修改，即可排除故障。

故障 1　如一台采用西门子公司 Siemens 系统的数控磨床，在磨削加工时发现，有时输入的刀具补偿数据在工件上反映的尺寸没有变化或者变化过小。

根据机床工作原理，在磨削加工时 Z 轴带动砂轮对工件进行径向磨削，X 轴正常时不动，只有调整球心时才进行微动，一般在往复 0.02mm 范围内运动，因为移动距离较小，可能丝杠反向间隙会影响尺寸变化。

在测量机床的往返精度时发现，X 轴在从正向到反向转换时，让其走 0.01mm，而从千分表上没有变化；X 轴在从反向到正向转换时，也是如此。因此怀疑滚珠丝杠的反向间隙有问题，研究系统说明书发现，数控系统本身对滚珠丝杠的反向间隙具有补偿功能，根据数据说明，调整机床数据 2201 反向间隙的补偿数值，使机床恢复了正常工作。

6. 单步执行程序确定故障点

很多数控系统都具有程序单步执行功能，这个功能是在调试加工程序时使用的。当执行加工程序出现故障时，采用单步执行程序可快速确认故障点，从而排除故障。

故障 2　如一台采用西门子公司 880D 系统的数控磨床，在机床调试期间，外方技术人员将数控装置的数据清除，重新输入机床数据和程序后，进行调试；在加工工件时，一执行加工程序数控系统就死机，不能执行任何操作，关机重新启动后，还可以工作，但一执行程序又死机。

怀疑加工程序有问题，但没有检查出问题，并且这个程序以前也运行过。当用单步功能执行程序时，发现每次死机都是执行到子程序 L110 的 N220 时发生的，程序 N220 语句的内容为 G18D1，是调用刀具补偿，检查刀具补偿数据发现是 0，没有数据。根据机床要求，将刀具补偿值 P1 赋值 10 后，机床加工程序正常执行，再也没有发生死机的现象。

7. 直观观察法

直观观察法就是利用人的手、眼、耳、鼻等感觉器官来寻找故障原因。这种方法在维修中是非常实用的。

故障3　如一台淬火机床，在开机回参考点时，Y 轴不走。

观察故障现象，发现在让 Y 轴运动时，Y 轴不走，但屏幕上 Y 轴的坐标值却正常变化，并且观察 Y 轴伺服电动机也正常旋转，因此怀疑伺服电动机与丝杠间的联轴器损坏，拆开检查确实损坏，更换新的联轴器故障消除。又如一台数控沟道磨床开机后有时出现 11 号报警，指示 UMS 标识符错误，可能是机床制造厂家存储在 UMS 中的程序不可用，或在调用的过程中出现了问题。

出现故障的原因可能是存储器模板或者 UMS 子模板出现问题。将存储器模板拆下检查，发现电路板上 A、B 间的连接线已腐蚀，接触不良，将这两点焊接上后，开机测试，再也没有出现这个报警。

8. 测量法

测量法是诊断机床故障的基本方法，当然对于诊断数控机床的故障也是常用方法。测量法就是使用万用表、示波器、逻辑测试仪等仪器对电子线路进行测量。

故障4　一台采用西门子系统的外圆磨床，在启动磨轮时，出现 7021（GRINDING WHEEL SPEED）号报警，指示磨轮速度不正常，观察磨轮发现速度确实很慢。

分析机床的工作原理，磨轮主轴是通过西门子伺服模块 6SN1127-1AA00 控制的，而速度给定是通过一滑动变阻器来调节的。这个变阻器的滑动触点随金刚石滚轮修整器的位置变化而变化，从而用模拟的办法保证磨轮直径变小后，转速给定电压提高，磨轮转速加快，使磨轮的线速度保持不变。

线路连接如图 11-3 所示，测量伺服模块的模拟给定输入 56 号和 14 号端子间的电压，发现只有 2.6V 左右。因为给定电压低，所以磨轮转速低。根据原理分析，R_3 在磨床内部，其滑动触头跟随砂轮直径的大小变化，因为机床内工作环境恶劣、容易损坏，并且测量 R_1 和 R_2 没有问题，电源电压也正常。为此将 R_3 拆下检查，发现电缆插头里有许多磨削液，清洁后，测量其阻值变化正常，重新安装，机床故障消除。

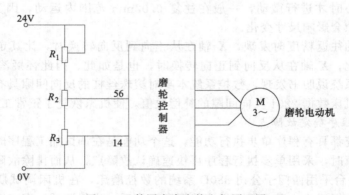

图 11-3　外圆磨床磨轮电气原理图

例如一台数控磨床 Z 轴找不到参考点，这台机床在机床回参考点时 X、Y 轴回参考点时没有问题，Z 轴回参考点时，出现压限位报警，手动还可以走回。观察 Z 轴回参考点的过程，在压上零点开关后，Z 轴减速运行，但不停一直运动到限位才停止。根据原理分析认为，可能编码器零点脉冲有问题，用示波器检查编码器的零点脉冲，确实没有，购买新的编码器换上后，机床正常工作。

9. 互换法确定故障点

有些关于系统的故障，由于涉及的因素较多，比较复杂，采用互换法可以快速准确定位故障点。

故障 5　一台数控车床出现故障，主轴旋转时，出现 7006 号报警。

指示主轴速度超差，观察主轴确实也旋转了，但屏幕上没有显示主轴实际转速，因此怀疑主轴编码器有问题，将该机床的主轴编码器与另一台机床的主轴编码器对换，另一台机床出现 7006 号报警，从而确定为主轴编码器损坏。

又如一台数控车床在正常加工时突然掉电，按系统启动按钮，系统启动不了，面板上的指示灯一个也不亮。测量系统电源的 5V 直流电源，在启动按钮按下瞬间，电压上升，然后快速下降至 0。因此首先怀疑系统电源模块有问题，但换上备用电源模块，故障依旧，说明电源模块没有问题。继续检查发现主轴编码器连接电缆破损，一根线与地短路，处理后机床恢复正常使用。

10. 原理分析法

原理分析法是排除故障的最基本方法，当其他检查方法难以奏效时，可以从机床工作原理出发，一步一步地进行检查，最终查出故障原因。

以上介绍了诊断数控机床故障的 10 种方法。在诊断机床故障时，这些方法往往要综合使用，单纯地使用某一方法很难奏效。这就要求维修人员要具有一定的维修经验，合理地、综合地使用诊断方法，使机床故障能够尽快地排除。

（三）FANUC 0i 系统常见故障诊断和处理

1. 报警信息的查看方法

数控系统可对其本身以及与其相连的各种设备进行实时的自诊断。当数控机床出现不能保证正常运行的状态或异常，都可以通过数控系统强大的功能，对其数控系统自身及所连接的各种设备进行实时的自诊断。当数控机床出现不能满足保证正常运行的状态或异常时，数控系统就会报警，并将在屏幕中显示相关的报警信息及处理方法。这样，就可以根据屏幕上显示的内容采取相应的措施。

一般情况下，系统出现报警时，屏幕显示就会跳转到报警显示屏幕，显示出报警信息，如图 11-4 所示。

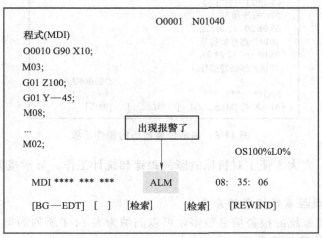

图 11-4　FANUC 0i 系统常见故障显示屏

某些情况下，出现故障报警时，不会直接跳转到报警显示屏幕，如图 11-5 所示。FANUC 0i 数控系统提供了报警履历显示功能，其最多可存储并在屏幕上显示 50 个最

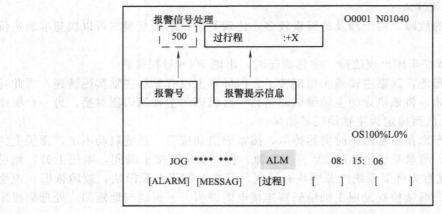

图 11-5　FANUC 0i 系统常见故障显示屏

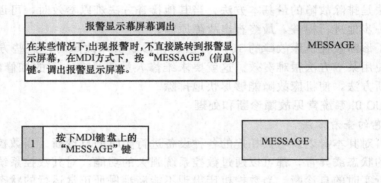

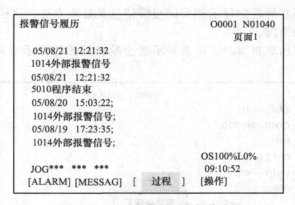

图 11-6　显示报警履历的操作步骤

近出现的报警信息，大大方便了对机床故障的跟踪和统计工作。显示报警履历的操作步骤如图 11-6 所示。

2. FANUC 0i 数控系统报警的分类

FANUC 0i 数控系统的报警信息很多，可以归纳为表 11-1 所列的类别，便于查找。

3. 常见报警的故障排除思路

数控机床是当代高新技术机、电、光、气一体化的结晶，电气复杂，管路交叉林立，故障现象也是千奇百怪，各不相同。如何能迅速找出故障、隐患，并及时排除，这是数控机床维修人员所面临的最现实、最直接的问题。

表 11-1　FANUC 0i 数控系统报警分类

错误代码	报警分类
000~255	P/S 报警(参数错误)
700~789	绝对脉冲编码器(APC)报警
750~799	串行脉冲编码器(SPC)报警
800~899	伺服报警
500~599	超程报警
700~789	过热报警
750~799	主轴报警
900~999	系统报警
1000~1999	机床厂家根据实际情况在 PM(L)C 中编制的报警
200~2999	机床厂根据实际情况在 PM(L)C 中编制的报警信息
5000 以上	P/S 报警(编程错误)

　　在这里,我们将以最常碰到的故障为例,学习使用 FANUC 0i 数控系统提供的丰富的维修功能进行故障排除的方法。为方便起见,把由机床厂家根据不同的机床结构所可以预见的异常情况汇总后,由机床厂家自己编写错误代码和报警信息,这类故障称为外围报警(这是相对于数控系统而言)。也就是说不同结构类型的机床就会有不同外部故障的错误代码和报警信息。

　　由数控系统生产厂家根据数控系统部件所能预见的异常情况汇总后,所编写的错误代码和报警信息,这类故障称为系统报警(数控系统故障)。数控系统故障的错误代码和报警信息不会因不同结构类型的机床而改变,不同型号数控系统的系统报警可能会有所不同。系统报警是数控系统生产厂家在数控系统传递到机床厂家之前就编写好的,是固定不变的,机床厂家无法对其进行编辑和增删。

　　在一般情况下,外围故障的发生概率较系统故障的概率要高。不同结构类型的机床就会有不同的外围故障,而若要能够做到对外围故障做出快速准确的定位和排除,就必须对所要维修机床的机械结构、电气原理、数控系统、各个机床动作、操作方法有一个全面的认识。

　　若在机床正常的时候,对机床的每一个动作进行仔细的观察,便能够在机床异常(也就是说机床动作不能正常进行)时,根据平时观察所得与之对比,从而做到对故障的快速诊断与排除。与此同时,高效地使用 FANUC 0i 系统提供的丰富的维修功能,包括 PMC 梯形图实时监控、I/O 接口的状态检查与跟踪、诊断功能也是做到对故障的快速诊断与排除的一个关键因素。以下是一个发生在一台卧式加工中心的外围故障。通过这个故障,从中学习如何使用 FANUC 0i 系统提供的丰富的维修功能对一般外围故障进行快速诊断与排除。

　　1) 外围报警——"1010 空气压力异常"报警

　　一台卧式加工中心出现"1010 空气压力异常"报警后,向操作人员详细了解发生报警的情况。据操作人员讲述,当时机床在自动运行状态下进行加工生产,突然出现了此报警,机床也同时停止了动作。查阅相关的机床维修手册,机床维修手册中所描述的"1010 空气压力异常"报警发生的原因是进入机床的压缩空气压力未能达到机床的要求(压缩空气压力不得低于 0.8MPa),对策是保证供给的机床压缩空气压力不得低于 0.8MPa。如图 11-7所示。

　　据操作人员讲,在进行开机前设备检查时,发现进入机床的压缩空气压力过高,达到了0.8MPa,超出了 0.6~0.8MPa 的机床允许范围,所以就调整了压缩空气压力,使其压力在

图 11-7　"1010 空气压力异常"报警图

机床允许的范围之内，然后进行自动运行加工，10min 以后便出现了"1010 空气压力异常"的报警。据此分析，此次故障发生的主要原因是，在进行开机前设备检查时，由于大部分的设备都未正式运转和系统的压缩空气压力偏高了一点，造成了进入机床的压缩空气压力高达 0.8MPa。而当大部分的设备都进入正式运转和对整个压缩空气供给系统过高的压力进行了调整后，便出现了机床在自动运行加工的过程中，机床的压缩空气压力下降到 0.25MPa 的情况。图 11-8 所示是故障的排除过程。

　　数控系统是怎样知道进入机床的压缩空气压力未能达到指定的值呢？数控机床为做到自动控制设置了相应的检测器件（接近开关、位置开关、光栅等）。当检测器件发出的状态信息经 PM（L）C 处理，进行逻辑判断不能满足机床正常运行要求时，便在屏幕上显示相应的故障代码和报警信息。数控系统通过 PMC 监控画面监控每一个检测器件的状态，从而可方便快捷地判断故障的位置。

　　查阅该机床的电气图纸得知，进入机床的压缩空气压力是由一只压力开关（地址是 X2.7）进行检测的，当压力在机床允许的范围内时（0.6～0.8MPa），压力开关的触点闭合，状态为"1"；当压力低于 0.8MPa 时，压力开关的触点便断开，状态为"0"，该状态输入到 PMC 中进行逻辑判定处理后，认为不能满足机床正常运行，便在屏幕上报出错误代码和报警信息。

　　在调整了压缩空气压力之后，有必要再确认一下压力开关的状态，FANUC 0i-MA 系统提供了状态的监控功能，使能够方便快捷地监控机床每一个检测装置的状态，如图 11-9 所示。

　　至此，就可以按下机床面板上的故障复位按钮，然后执行中间程序启动，继续进行加工，并随时对进入机床的压缩空气压力进行检查和调整，防止类似的故障再次发生。

　　2）系统报警——751、750、818、789 号报警

　　一台卧式加工中心，在自动运行加工的过程中，突然停止动作，并进入了急停状态。图 11-10 所示是故障的判定和排除过程。

　　750、751、818、789 号报警属于系统报警，FANUC 为数控系统对应地编写了相关的维修说明书。因此，可以查阅 BEIJING-FANUC 0i-A 维修说明书（编号是 B-67505C/01）掌握报警的详细说明和对策。

　　根据报警信息屏幕显示的内容，对照 BEIJING-FANUC 0i-A 维修说明书。

　　（1）信息——750 SPC 报警信号：X 轴 PLUSE CODER

　　750 SPC 报警信号：Y 轴 PLUSE CODER

　　内容：这是串行脉冲编码器（SPC）的报警。X、Y 轴的串行脉冲编码器故障，有以下的原因可引起此报警：串行编码器的硬件出现异常、用于保持绝对位置坐标电池的电压过

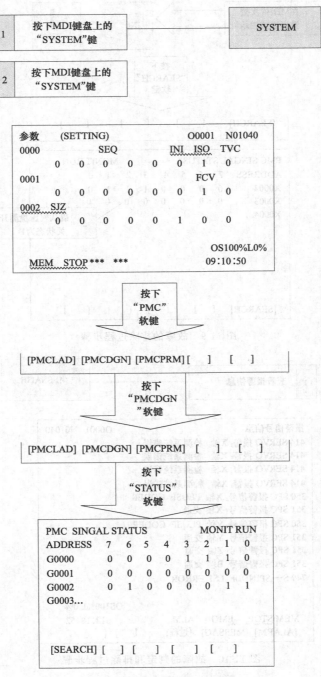

图 11-8 故障的排除过程步骤

低、反馈电缆出现异常、A/D 转换时数字伺服电流异常、伺服放大器电磁接触器的触点熔化粘连、串行编码器 LED 异常、因反馈电缆异常引起反馈错误。

（2）信息——751 SPC 报警信号：X 轴交通。

751 SPC 报警信号：Y 轴交通；

751 SPC 报警信号：Z 轴交通；

751 SPC 报警信号：B 轴交通。

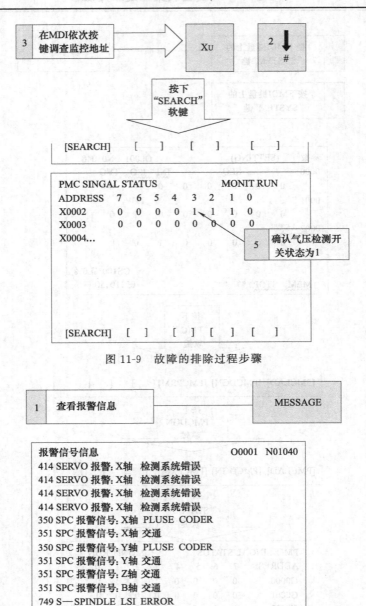

图 11-9　故障的排除过程步骤

图 11-10　故障的判定和排除过程步骤

内容：这也是串行脉冲编码器（SPC）的报警。X、Y、Z、B 轴的串行脉冲编码器通信错误。有以下原因可引起此报警：串行脉冲编码器的通信异常、通信没有应答、传送数据有误、数字伺服侧参数设定不正确。

（3）信息——789 S-SPINDLE LSI ERROR

内容：这是关于串行主轴的报警。当接通电源后，在系统启动中或在运行过程中，主轴发生了串行通信错误时的报警。有以下原因可引起此报警：光缆接触不良、脱落或断线，主 CPU 板不良，主轴放大器印制电路板不良。

根据以上的报警信息和报警内容分析，是串行脉冲编码器（SPC）和串行主轴的通信方面同时出现了问题，可能是四个伺服轴的串行脉冲编码器与串行主轴伺服模块同时出现了故障。

于是，打开控制电柜查看数控系统各模块的情况，发现数控系统的电源模块、主轴模块、伺服轴模块都没有电源指示。原来是控制它们的一个空气开关跳闸了。至此，导致本次报警发生是由于这个空气开关跳闸所引起的，因此，要排除此故障，就要找出空气开关跳闸的原因。再详细地研究了一遍电路图，如图11-11所示。

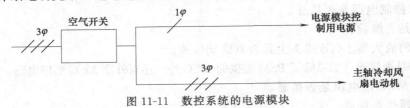

图 11-11　数控系统的电源模块

在图11-11中可以看到，该空气开关是伺服模块控制部分和主轴冷却风扇电动机作过载、短路保护的。使用万用表检查空气开关后的电气回路是否有过载、短路的故障存在，检查发现主轴冷却风扇电动机有一相的电线对地短路，便认真检查主轴冷却风扇电动机至电柜之间的连接电线是否有问题，这时发现护套管的一个端头松动，而且该端头把电线的绝缘层磨损，在加工过程中各伺服轴的快速移动所带来的冲击，使各护套管的固定端头慢慢地松动，造成了本次故障的发生。

于是，对电线绝缘磨损的地方重新做了绝缘处理，可靠地紧固好护套管的端头，并对其他护套管的固定端头和其中电线进行了检查，并把这项检查加入到设备的定期检查表中，彻底杜绝同类型故障的再次发生。做了以上处理后，进行试运行无问题后，重新投入了加工生产，至此故障排除。

总结本次故障，虽然在报警信号信息屏幕上所显示的是系统报警，给人的第一感觉就是数控系统出现问题了，但不是绝对都是这样的，这个故障就是一个例外，这实质上是一个外围故障。因此，在进行故障判定的时候，要对可能出现的问题进行全盘的考虑，去伪存真，才能真正地提高自身的维修水平。

（四）FANUC 0i 系统常见有报警信息的故障排除

FANUC 0i 数控系统具有较强的自诊断功能，对于一些常见的故障，通过报警信息，对应维修说明书，能够解决许多问题。下面介绍几个常见报警故障的处理方法。

1. 500号报警（超行程报警）的排除方法

在数控机床操作的过程中超行程报警经常出现，由于惯性的原因，当移动轴压下行程开关时，需减速停止，同时，系统出现500号报警，并同时显示报警信息为过行程及过行程的坐标轴。

下面是解除"500 过行程：+X"报警的基本步骤：

① 进给轴选择旋钮拨到"X"轴处；

② 进给倍率选择旋钮拨到"×1"处；

③ 旋转手摇脉冲发生器使 X 轴向负方向移动，离开极限位置；

④ 按下 MDI 键盘上的"RESET"键，报警信息消失。

2. 90号报警（返回参考点位置异常）的排除方法

报警条件：当返回参考点位置偏差过大或 CNC 没有收到伺服电动机编码器转信号，出现90号报警。解除步骤如下。

① 确认 DGN700 中的值（允许位置偏差量）大于128，否则提高进给速度，改变倍率。

② 确认电机回转是否大于 1 转。小于 1 转，说明返回的起始位置过近。调整到远一些。

③ 确认编码器的电压是否大于 8.75V（拆下电动机后罩，测编码器印制电路板的电压为 0~5V），如果低于 8.75V，更换电池。

④ 如果不是上述问题，一定是硬件出了问题：更换编码器。

3. 801 号报警（伺服准备信号报警）

报警条件：伺服放大器的准备信号（VRDY）没有接通，或者运行时信号关断。解除步骤如下。

① PSM 控制电源是否接通。

② 急停是否解除。

③ 最后的放大器 JX1B 插头上是否有终端插头。

④ MCC 是否接通，如果除了 PSM 连接的 MCC 外，还有外部 MCC 顺序电路，同样要检查。

⑤ 驱动 MCC 的电源是否接通。

⑥ 断路器是否接通。

⑦ PSM 或 SPM 是否发生报警。

如果伺服放大器周围的强电电路没有问题，更换伺服放大器；如果以上措施都不能解决问题，更换主轴控制卡。

（五）FANUC 0i 系统常见无报警信息的故障排除

1. 诊断功能的使用

数控系统发生故障后，如无报警信息，通过系统的诊断画面进行故障判断。系统的诊断画面在机床出现异常时，诊断功能提供的报警信号和监控数据为故障判断提供了判断的依据。

调出诊断画面的操作方法如图 11-12 所示。

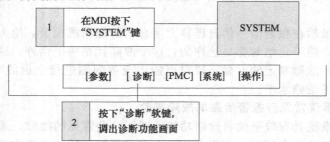

图 11-12　FANUC 0i 系统故障判断流程

2. 利用诊断功能诊断故障

有效地使用诊断功能提供的诊断信息来帮助查找和排除故障的方法如下。

（1）诊断号 000 为 1 时，表明系统正在执行辅助功能（M 指令）。在辅助功能的执行过程中，000 号将会保持为 1，直到辅助功能执行完了信号到达为止。因此，当出现辅助功能执行时间超出正常值时，可能是辅助功能的条件未满足。所以出现无报警的异常，查找故障点时，若诊断号 000 为 1，可以首先检查辅助功能所要完成的机床动作是否已经完成。

故障现象：一数控机床在自动运行状态中，每当执行 M8（切削液喷淋）这一辅助功能指令时，加工程序就不再往下执行了。此时，管道是有切削液喷出的，系统无任何报警提示。

排除思路：调出诊断功能画面，发现诊断号 000 为 1，也就是说系统正在执行辅助功能，切削液喷淋这一辅助功能未执行完成（在系统中未能确认切削液是否已喷出，而事实上切削液已喷出）。

查阅电气图册，发现在切削液管道上装有流量开关，用以确认切削液是否已喷出。在执行 M8 这一指令并确认有切削液喷出的同时，在 PMC 程序的信号状态监控画面中检查该流量开关的输入点 X2.2，而该点的状态为 0（有喷淋时应为 1），于是故障点可以确定为在有切削液正常喷出的同时这个流量开关未能正常动作所致。因此重新调整流量开关的灵敏度，对其动作机构喷上润滑剂，防止动作不灵活，保证可靠动作。在作出上述处理后，进行试运行，故障排除。

（2）诊断号 007 为 1 时，表明系统正在对移动后的伺服轴是否准确定位到指令值进行检查。当伺服轴未能实现准确定位的话，将会出现诊断号 007 长期为 1 的情况出现。

故障现象：一数控机床在自动加工过程中，经常出现偷停现象。特别是在 Z 轴移动后，出现偷停现象比较多。在出现此现象后，加工程序就不往下执行了，但可能几十秒后，加工程序又重新往下执行，有时又不行，机床也不发出任何的报警信息。

排除思路：在无任何报警信息的情况下，调出诊断功能画面，希望从中找到一点故障的线索。在对诊断功能画面进行查看时发现，诊断号 007 正在进行到位检测，信号为 1，于是查看诊断号为 700 的各伺服轴实时指令与实际位置偏差量，发现 Z 轴的实时指令与实际位置偏差量的值为 50 而定位的容许偏差值（到位宽度）是由参数 1826 设定的，也就是说只要诊断号为 700 的各伺服轴实时指令与实际位置偏差量不超过参数 1826 中所设定的值，系统就认为伺服轴的定位完成，否则系统认为伺服轴的定位未完成，于是就进行反复的定位，加工程序也就无法往下执行。而这台机床在参数 1826 中，Z 轴的到位宽度值是 8，所以使 Z 轴的实际位置偏差量大于参数设定的到位宽度值，于是出现了此故障现象。参数 1825 是各轴的伺服环增益，与位置偏差量的关系为：

$$位置偏差量 = （进给速度/60） \times 伺服环增益$$

根据此公式，可以将 Z 轴的伺服环增益值适当减小，从而减小位置偏差量。在对参数 1825 作出了适当的调整之后，Z 轴的位置偏差量减小为 1，即位置偏差量小于参数 1826 的设定值，故障排除。

（3）诊断号 005 为 1 时，表明系统正处于各伺服轴互锁或启动锁住信号被输入，该信号禁止机床各伺服轴移动。机床所有的轴或各伺服轴未能满足移动条件，或者说是如果伺服轴移动的话将会有危险的情况出现。当以下 PMC 的伺服轴互锁信号为 0 时，则机床进入伺服轴互锁状态，也就是禁止移动：

68.0（禁止所有伺服轴移动）

6170.0（禁止系统定义的第一伺服轴移动）

6170.1（禁止系统定义的第二伺服轴移动）

6170.2（禁止系统定义的第三伺服轴移动）

6170.7（禁止系统定义的第四伺服轴移动）

6172.0（禁止系统定义的第一伺服轴正方向移动）

6172.1（禁止系统定义的第二伺服轴正方向移动）

6172.2（禁止系统定义的第三伺服轴正方向移动）

6172.7（禁止系统定义的第四伺服轴正方向移动）

6178.0（禁止系统定义的第一伺服轴负方向移动）

6178.1（禁止系统定义的第二伺服轴负方向移动）

6178.2（禁止系统定义的第三伺服轴负方向移动）

6178.3（禁止系统定义的第四伺服轴负方向移动）

故障现象：一数控加工专机在自动运行的过程中，当执行到"G 90G01Z0"；这一句程序时，出现无故停止的现象。进行系统复位，再重新开始执行加工程序，也是执行到"G 90G01Z0"；这一句程序时，停止动作。此时，也无任何的报警信息。

排除思路：在无任何报警信息的情况下，调出诊断功能画面，希望从中找到一点故障的线索。在对诊断功能画面进行查看时发现，诊断号 005 系统正处于各伺服轴互锁或启动锁住信号被输入为 1。于是检查上述 PMC 的伺服轴互锁信号，发现 6170.0 为 0，而 Z 轴是系统中定义的第一轴，查阅梯形图，查找线圈 170.0 未能接通的原因，最后发现是刀塔抬起/落下的检测接近开关的状态同时为 1，检查发现刀塔实际上是落下到位了，而抬起检测的接近开关因为沾有铁屑，而发出误信号，于是 PMC 程序判定 Z 轴的安全移动条件未满足。清理了该接近开关以后，线圈 6170.0 置 1，Z 轴的互锁状态解除，故障排除。

（4）750 号报警，这是 a 串行脉冲编码器内的控制部分发生异常所引起的。这时可使用诊断功能中诊断号 202 和 208 显示的报警状态进行故障具体原因的确定。

（5）751 号报警，这是 a 串行脉冲编码器与模块之间的通信发生异常所引起的。这时可使用诊断功能中诊断号 207 显示的报警状态进行故障具体原因的确定。

（6）800 号报警，这是系统检测出伺服模块或者伺服电动机过热所引起的。这时可使用诊断功能中诊断号为 200 和 201 显示的报警状态进行故障具体原因的确定。

（7）818 号报警，这是伺服模块或者伺服电动机发生异常所引起的。这时可使用诊断功能中诊断号 200、201 和 208 显示的报警状态，以及伺服模块上的 LED 所显示的报警号进行故障具体原因的确定。

（8）816 号报警，这是位置检测器的信号断线或短路所引起的。这时可使用诊断功能中诊断号 200 和 201 显示的报警状态进行故障具体原因的确定。

（9）817 号报警，这是系统伺服参数设定异常所引起的。这时可使用诊断功能中诊断号 207 和 280 显示的报警状态进行故障具体原因的确定。

（10）789 号报警，这是主轴伺服模块部分发生异常所引起的。这时可使用诊断功能中诊断号 808 显示的报警状态进行故障具体原因的确定。

（11）750 号报警，这是在串行主轴系统中通电时，主轴伺服模块没有达到正常的启动状态所引起的。这时可使用诊断功能中诊断号 809 显示的报警状态进行故障具体原因的确定。

3. 不能手轮运行

如果手轮操作不能进行，可能有以下原因。

① 伺服没有激活（没有准备好）。

② 手摇脉冲发生器没有正确地连接到内装的 I/O 接口或 I/O 模块上。

③ 内装的 I/O 接口或 I/O 模块的 I/O Link 没有分配或没有正确分配。

④ 由于参数设定错误使相关信号没有输入。

采取措施如下。

① 检查伺服放大器上的 LED 显示是否为 "0"。如果显示 "0" 以外的数字，说明伺服没有激活。

② 检查电缆是否断线或短路。

③ 检查手轮是否出现故障（手摇脉冲发生器信号是否正确）。

④ 检查 I/O 模块的 I/O-Link 分配。

⑤ 检查参数和输入信号。

在 CRT 的左下角检查 CNC 的状态应在 HND 状态，否则，方式选择不正确。进一步通过 PMC 的诊断功能（PMCDGN）查看方式选择：手轮方式为 G0087 "MD8＝1，MD2＝0，MD0＝0"，检查手轮进给轴选择信号，检查手轮进给倍率选择，PMC 的 PCDGN 来确认信号：G0019 MP2 和 MP1 位。

分度工作台的分度轴手轮的进给不能执行。

（六）SINUMERIK 880D 系统常见故障诊断和处理

1. 概述

西门子 SINUMERIK 880D 系统具有较强的自诊断能力，对大多数故障都能够诊断出来，产生报警，并在显示器上显示报警信息。对于机床侧的故障诊断，是由机床制造厂家编制的 PLC 用户程序来完成的。

使用西门子 880D 系统的数控机床根据有无报警，把故障分为有报警故障和无报警故障；从发生部位分成系统故障、PLC 故障、机床侧故障及伺服系统故障等。

当系统出现故障报警时，屏幕的上数第二行显示一个报警号和报警信息，而多于一个报警时，其他报警号和报警信息只能在 DIAGNOSIS 菜单里显示。在任何操作方式下，按图键找到 DIAGNOSIS 功能，按下面的软键，系统进入诊断菜单，屏幕上显示的菜单如图 11-13 所示。

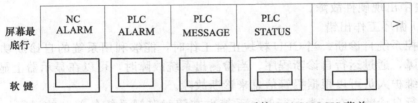

图 11-13　西门子 SINUMERIK 880D 系统 DIAGNOSIS 菜单

按 NC ALARM（NC 报警）下面的软键，进入 NC 报警信息显示状态，显示所有已发生的没有被复位的 NC 报警号和报警信息。

按 PLC ALARM（PLC 报警）下面的软键，进入 PLC 报警显示状态，显示所有已发生的没有被复位的 PLC 报警号和报警信息。

按 PLC MESSAGE（PLC 信息）下面的软键，进入 PLC 操作信息显示状态，显示所有已发生的没有被复位的 PLC 操作信息号和详细信息。

按 PLC STATUS（PLC 状态）下面的软键，进入 PLC 状态在线显示菜单，可实时观察 PLC 的输入、输出、标志位、定时器等状态，这对于诊断机床侧故障是非常有效的。

2. SINUMERIK 880D 系统自诊断功能

与所有的现代化数控系统一样，西门子 880D 系统也具备很强的自诊断系统，整个自诊断处理功能通过数控系统的 CPU 模块，对整个系统及其输入、输出信号进行全面监控，并实时识别控制系统及机床出现的故障，以及用户应用程序中的错误，在显示器上显示相应的故障号和故障信息，从而不但能有效地避免机床的误操作或者带病运行，而且更能有效地为维修机床提供依据。

数控系统自诊断系统在系统运行过程中主要的监控内容包括下列几个方面。

① CPU 模块监控。包括主处理单元、NC 与 PLC 之间的数据传输、串行接口、模块中各种测试标志及监控点、内存单元、电压和温度等。

② 位置控制模块监控。主要包括输入信号、位置及速度反馈信号的监测与比较。

③ 接口控制模块监控。PLC 中各输入、输出点及标志的监控，并根据这些信息由 PLC 用户程序判断是否正常，如发现异常，产生报警。

④ 机床应用部分的监控。主要是用户应用程序格式的合法性以及各类应用参数的合法性。

西门子 880D 系统的自诊断系统主要可分为两个方面：CPU 控制模块自诊断和数控系统的自诊断。

（1）CPU 控制模块的自诊断。CPU 控制模块是西门子 880D 数控系统工作的关键。CPU 控制部分一旦出现故障，整个系统将无法启动。出现这类故障时，可借助 CPU 板上发光二极管的指示灯的提示来分析故障状况。在正常的情况下，系统在启动的最初 6～7s，指示灯将频繁闪动，即首先对 CPU 模块进行自检，如果硬件正常工作，则系统开始启动，此时发光二极管熄灭；否则发光二极管将常亮，此时的数控系统将不能正常工作，显示器上也不会出现任何显示，这类故障主要有下列几个方面原因。

① CPU 控制模块硬件故障。

② EPROM 存储器故障。

③ 启动芯片损坏。

④ 模块中有跨接线接错。

⑤ 总线板损坏。

⑥ 机床数据丢失，需要重新装入数据。

如果在数控系统启动后，正常工作时这个发光二极管亮了，则表明：

① 模块中出现硬件故障。

② CPU 循环工作出错。

（2）数控系统自诊断。当 CPU 模块正常工作时，能够利用系统的自诊断功能来诊断其他部分的故障，通过运行自诊断程序，当检测出系统故障时，可以在显示器上显示报警号和报警信息，维护人员可以根据报警信息来诊断故障。

（3）运行自诊断。在正常运行时，系统也在随时监视系统各部分的运行，一旦发现异常，立即产生报警。PLC 运行用户机床厂家编制的逻辑程序，实时监测机床的运行，如发现机床动作有问题，立即停机，并产生报警。

3. SINUMERIK 880D 系统报警分类

西门子 880D 系统报警可以分为 7 类（其中 5 类是 NC 报警，2 类是 PLC 报警），见表 11-2。

（1）NC 报警分为：

① 电源开报警；

② RS272（V.28）报警；

③ 伺服报警（复位报警）；

④ 一般报警（复位报警）；

⑤ 可删除的报警。

（2）PLC 报警分为：

① PLC 错误信息；

② PLC 操作信息。

表 11-2　西门子 880D 系统报警分类与清除方式一览表

报 警 号	报 警 类 型	报警清除方式
1…15 80…99	电源开报警	重新开控制器
16…79	V.28(RS2772)报警	①查找"数据输入输出（DATA IN OUT）"菜单 ②按"数据输入输出（DATA IN OUT）"的软键 ③按"停止（STOP）"软键
100*…196*	伺服报警（复位报警）(*=轴号)	按复位键
172*	伺服报警（电源开报警）(*=编号)	重开控制器
2000…2999	一般报警	按复位键
7000…7087	可删除的报警	按应答键
6000…6067 6100…6167	PLC 用户报警 如果有 7 号报警出现,是 PLC 错误	按应答键
7000…7067	PLC 操作错误	这些信息由 PLC 程序自动复位

4. SINUMERIK 880D 系统报警显示

西门子 880 系统的报警信息显示在显示器的"报警行"上。"报警行"在屏幕的上面第二行,如图 11-14 所示。

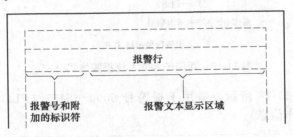

图 11-14　西门子 880 系统的报警信息

西门子 880 系统报警显示有 8 种格式,下面分别加以介绍。

① 格式一：如图 11-15 所示,这种格式适用于报警号 0～79 和 200～2999。

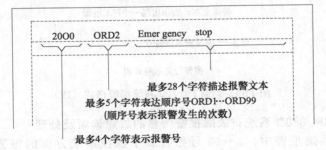

图 11-15　西门子 880 系统报警格式（一）

② 格式二：如图 11-16 所示，这个格式适用于报警号 1000～1967。

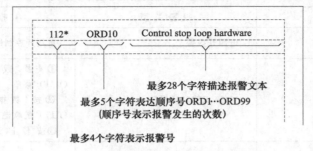

报警行显示格式二

图 11-16　西门子 880 系统报警格式（二）

③ 格式三：如图 11-17 所示，这个格式适用于报警号 2000～2999（部分）和 7000～7055（部分）。

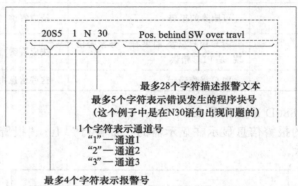

报警行显示格式三

图 11-17　西门子 880 系统报警格式（三）

④ 格式四：如图 11-18 所示，适用于报警号 6000～6167（PLC 错误信息）和报警号 7000～7067（PLC 操作信息）。

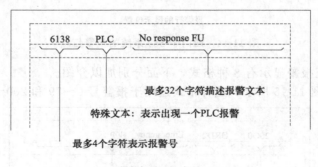

报警行显示格式四

图 11-18　西门子 880 系统报警格式（四）

（七）SINUMERIK 880D 系统有故障报警信息的故障诊断及处理

西门子 880D 系统报警中，1～99 号报警属于数控系统方面的报警，其中 1～15 号、80～99 号报警属于电源开报警，16～79 号为 RS272 通信口报警。这些报警都是运行 NC 系统诊断程序检测出来的，下面介绍一些典型故障的处理过程。

1. 系统 1 号报警

1 号报警信息为 "BATTERY ALARM POWER SUPPLY" （备用电池报警），指示数控系统断电保护电池报警，提示维护人员更换电池，如果这时断电关机，很可能丢失机床数据、加工程序、PLC 程序等。更换电池时要注意，一定要让专业人员在系统带电的情况下更换备用电池，并且系统必须带电更换电池，否则数据将丢失。换上新电池，将 1 号报警复位后，才允许断电关机。如果暂时没有备用电池，只要系统不断电，系统数据就不会丢失。下面的实例是一个由于硬件故障引起的错误报警的处理过程。

故障 1 数控车床出现 1 号报警。

故障现象：这台机床长期停用后，重新通电开机，这时出现 1 号报警，检查机床电池，确实电压低。更换电池后，1 号报警仍然消除不掉。

故障分析和处理：根据故障现象分析，可能是报警回路有问题。分析西门子 880D 系统工作原理，系统的电源模块对备用电池电压进行测试，如果电压不够把故障检测信号传输到 CPU 模块，系统产生电压不足报警。所以首先对电源模块进行检查，发现连接电池电压信号的印制电路线被腐蚀断路。

故障处理：把断路部分焊接上后，机床通电开机，1 号报警消失。

2. 系统 3 号报警

3 号报警信息为 "PLC STOP" （PLC 停止），指示 PLC 停机。这个故障可能是由于 PLC 的软件设计有缺陷或者 PLC 硬件部分出现问题。出现这个故障时，首先应观察 DIAGNOSIS （诊断）菜单下的 PLC 报警信息来进一步确诊故障，如果没有故障显示，只能用机外编程器检测 PLC 的中断堆栈 （ISTACK）的内容来诊断故障。

故障 2 一台数控外圆磨床出现 7 号报警。

故障现象：这台机床在自动加工时偶尔出现 7 号报警，关机重开还可以恢复正常。在出现故障时，用 DIAGNOSIS 菜单查看 PLC 报警信息，发现有时出现 6178 "no response from EU" 报警，有时出现 6179 "EU transmission error" 报警。

故障分析与检查：根据《西门子报警手册》对报警的解释和故障现象分析，故障原因可能是连接 PLC 接口模块的电缆有问题，为此对 PLC 接口模块和电缆进行检查，发现电缆插头上的屏蔽线连接不好。

故障处理：对屏蔽线进行处理后，开机测试，故障再也没有出现。

3. 系统 1081 号报警

故障现象：这台机床的伺服装置采用西门子的 6SC611 系统。一次在重新布置生产线时，将控制柜与机床床身之间的电气连接电缆拆开，机床移动到位后，重新连接安装。安装完毕后，仔细检查校对、确保无误后，开机试车。机床启动后一切正常，各轴回参考点时，X 轴正常没有问题，但当 Z 轴回参考点时，机床出现 1081 号报警。观察故障现象，当 X 轴回完参考点后，Z 轴开始回参考点，屏幕上 Z 轴的数值发生变化，但观察 Z 轴却没有动，这时出现 1081 号报警，屏幕上 Z 轴的数据又变回了 0。

故障分析与处理：首先检查机床数据 MD2681 的数值，正常没有发生变化。通过机床的 DIAGNOSIS 检查所有的报警信息，发现除了 1081 号报警外，还有报警 1561 "SPEED COMMAND VALUE TOO HIGH" 和 7006 "FAILURE：MOTOR CONTROL"。其中 7006 为 PLC 报警，指示电动机控制部分有问题；1561 是系统报警，指示 Z 轴设定速度过高。综合这些报警信息和故障现象，说明是伺服系统出现了问题。同时产生 1081 和 1561 号报警，说明 Z 轴的设定速度过高，超出机床数据 MD2641 和 MD2681 所设定的数值。

检查 MD2641 没问题，MD2681 也没有发现问题。用进给速度倍率设定开关将速度调低，再试还是出现报警。通过这些现象分析 Z 轴伺服单元执行部分可能有问题。当数控装置发出 Z 轴运动的指令后，可能由于伺服单元出现问题，Z 轴不动，这时数控装置也没能得到运动的反馈，因此增大 Z 轴运动的指令值，但还是得不到反馈值，继续增大指令值，直到超出机床数据 MD2641 和 MD2681 所设定的数值，从而产生了 1081 和 1561 号报警。

为了确认故障点，首先检查数控装置发出的运动指令是否到达伺服装置，为此测量伺服装置 Z 轴模块上指令输入的电压值，当让 Z 轴运动时，其电压数值变得很高，说明确实是指令值过高，同时也说明指令值已到达伺服装置，那么问题可能出在伺服单元上或伺服电动机上。更换 Z 轴的伺服模块，但故障没有排除。测量伺服电动机也没有发现问题。可能是伺服电动机电源线的相序接错了，因为在拆机床时，曾将该电源线做标记拆下，所做的标记为 U、V、W。核对标识并没有发现明显问题，是不是将 U、V 搞混了呢？

故障处理与总结：将 U、V 电缆对换后，开机运行，Z 轴回参考点没有问题了，机床恢复正常使用。这个故障是由于将伺服电动机的电源线相序接错，导致 Z 轴不运动，从而产生了 1081 和 1561 号报警。

4. 系统 1120 号报警（伺服系统报警）

故障 3 一台数控磨床出现 1120 报警（伺服系统报警）。

故障现象：这台机床在磨削加工时，偶尔出现故障，砂轮撞上工件，将砂轮撞碎，并出现 1120 报警，指示 X 轴出现问题。

故障分析与检查：分析撞车时的 X 轴位置数据，X 轴在屏幕上显示的数值与 X 轴的实际位置不符，实际位置有些超前，故导致工件进给过大，使工件与砂轮相撞。分析故障原因可能是位置反馈部分有问题，为了确认故障，首先更换数控装置的测量模块，但故障未能排除。为了进一步确认故障，将 X 轴编码器拆开检查，发现里面有很多油，原来是由于冷却工件的冷却油雾进入编码器，长时间积累把编码器的码盘局部遮挡上，使脉冲丢失，导致进给超前而撞车，并因为跟随误差变大而产生 1120 报警。

故障处理：更换新的编码器，故障消除。

故障 4 一台数控加工中心出现 1120、1121 报警。

故障现象：这台机床一次出现故障，在开机回参考点时，运动 X、Y 轴各出现 1120 报警和 1121 报警，但 Z 轴运动正常没有问题。在按下 X、Y 轴运动按钮时，屏幕上坐标数值不变，伺服轴实际上也没有动。

故障分析与检查：因为伺服轴实际没有动，因此怀疑伺服系统有问题。对伺服系统进行检查，这台机床使用的是西门子 6SC611 伺服控制器，X、Y 共有一个伺服放大器模块，在按下 X 或 Y 轴运动按钮时，检查伺服放大器有输入没有输出，确认是伺服放大器模块损坏。

故障处理：更换新的伺服放大器，机床恢复正常使用。

5. 系统 1720 号报警（伺服系统报警）

故障 5 一台数控车床出现 1720 报警。

故障现象：这台机床开机就出现 1720 报警，指示 X 轴伺服轴出现问题。

故障分析与检查：因为问题出在伺服环上，首先更换数控系统的伺服测量模块，故障没有排除，接着又检查 X 轴编码器的连接电缆和插头，这时发现编码器的电缆插头内有一些积水，这是机床加工时切削液渗入所致。

故障处理与总结：将编码器插头清洁烘干后，重新插接并采取防护措施，开机测试、故障消除。这个故障的原因就是编码器电缆接头进水，使连接信号变弱或者产生错误信号，从而出现 1720 报警。

6. 系统 176×号报警

176×号报警信息为 "MEAS、SYSTEM DIRTY"，这个报警指示测量系统出现污染信号，它的真正含义应该是位置反馈系统的编码器或光栅尺进油或其他原因使其码盘变脏，导致反馈部分产生污染信号。如果确认是编码器或光栅尺的问题，必须进行清洗。

产生这个故障主要有两个原因：一个是编码器或者光栅尺有问题；另一个为反馈电缆连接有问题。

故障 6　一台数控车床出现 1760 报警。

故障现象：这台机床开机就出现 1760 报警，指示 X 轴测量系统脏。

故障检查：因为是 X 轴报警，对有关 X 轴的伺服系统进行检查，在检查 X 轴编码器时，发现电缆插头内有很多切削液。

故障处理：将编码器电缆插头中的液体清除，进行清洁烘干处理，然后采取密封措施，重新插接，通电开机，机床恢复正常工作。

7. 系统 168×号报警

168×号报警的信息为 "SERVOENABLETRAY、AXIS"（轴向运动伺服使能），这个故障是在伺服轴运动时，PLC 用户程序将伺服轴使能信号取消。出现这个报警时，有时还伴随有 112×报警。故障的原因可能是机床的伺服使能条件没有满足，这时可通过机床的 PLC 程序来检查；也可能是伺服系统产生报警，这时伺服系统有可能有报警指示；也可能是机械装置出现问题，这时伺服系统也可能产生报警指示。

故障 7　一台数控机床出现 1681 报警。

故障现象：这台机床在运行自动工件加工程序时，出现 1681 报警，指示 Y 轴伺服使能信号取消。观察故障现象，在手动时，移动 Y 轴不产生报警；在自动加工时，Y 轴机械手在向卡具旋转的途中出现报警，自动循环中止。

故障分析与检查：根据故障现象，因为手动运动 Y 轴没有报警，而自动运行程序时却出现 Y 轴报警，可能是这时 Y 轴运行的伺服条件没有满足。根据 PLC 梯形图分析，Y 轴的使能条件是由于 F28.0 的状态为 "1" 而失效。根据系统的工作原理，F28.0 是 NC 系统故障信号，它的状态为 "1"，说明是因为 NC 系统报警使 Y 轴的伺服使能条件破坏。检查 NC 系统还有报警 2065 N20 "Pos. behind sw over travel"（位置在软件开关后面），指示 N20 语句超软件限位。对加工程序进行检查，在出现故障时执行程序的 N10 语句，移动 Y 轴，下一个语句为：N 20 G01Z R770。

让 Z 轴移动到 R770 指定的位置，为此对 R 参数 770 进行检查，发现 R770 设置过大，超出 Z 轴软件限位，在执行 N10 语句时，NC 系统检测下一个语句 N20，发现问题后，产生报警并使 Y 轴伺服使能条件被破坏，产生 1681 报警，指示 Y 轴运行停止。

故障处理：将 R770 按照规定的数值设置后，机床加工运行恢复正常。

8. 系统 6016 号报警

故障 8　一台数控车床出现 6016 报警 "SLIDE　POWER PACK NO　OPERATION"（滑台电源模块没有操作）。

故障现象：系统启动后出现 6016 号报警，故障复位后，过一会还出现这个报警。

故障分析与检查：因为 6016 报警为 PLC 报警，指示伺服系统有问题。为此对这台机床的伺服系统进行检查，该机床的伺服系统采用的是西门子 SIMODRIVE 610 系统，在出现故障时，N1 板上第二轴的一 [Imax] t 报警灯亮，指示 Z 轴伺服电动机过载。引起伺服系统过载有三种可能：一种可能是因为机械负载阻力过大，但检查机械装置并没有发现问题；第二种可能为伺服功率板损坏，但更换伺服功率板，并没有排除故障；第三种可能为伺服电动机出现问题，对伺服电动机进行测量，其绕组电阻确实有些低。

故障处理：更换新的伺服电动机，使机床恢复正常工作。

SINUMERIK 880D 系统尽管有较强的自诊断系统，但是有一些系统是无法报警和无报警信息的。

下面介绍两例由于系统供电出现问题而使系统不能正常工作的故障。

故障 9 一台数控车床在自动加工过程中有时系统自动关机。

故障现象：这台机床是一台从德国进口的双工位数控车床，每个工位采用一台西门子 880D 系统进行控制。这台机床右手工位的数控系统在机床加工过程中经常自动断电关机，每次关机时，工件的加工位置也不尽相同，而系统重新启动后还可以正常工作。

故障分析与检查：根据故障现象首先怀疑系统的硬件有问题，将两套系统的控制板对换后，还是右面的系统出现问题。

根据数控系统的工作原理，如果供电系统的 28V 直流电源电压过低，系统检测到后会自动关机。因此对系统的供电电压进行检查，两套数控系统公用一套直流电源，其电压有些偏低，接近 28V，而在数控系统上测量供电电压，左面的系统电压在 27V 左右，右面的系统却在 22V 左右。根据电气原理进行分析，由于稳压电源在电气柜中，而数控系统在机床前面的操作位置，供电线路较长，产生了线路压降，而右面的供电线路更长，所以压降更大，实时检查右面系统的供电电压，发现在加工的过程中，由于机床的负载加大，电压还要向下波动。当系统自动断电后，电压又恢复到 22V 以上，为此认为是系统的供电电压过低引起系统工作不稳定。

故障处理：为了妥善解决这个问题，考虑到是供电线路压降造成供电电压过低，为此加大供电线路的线径，以减少线路压降，使右面系统的供电电压达到 27V 以上，此后这台机床再也没有出现这个故障。

故障 10 一台数控淬火机床开机后自动断电关机。

故障现象：当按下 NC 启动按钮时，系统开始自检，但当显示器刚出现基本画面时，数控系统马上掉电自动关机。再按 NC 启动按钮，出现同样故障现象。

故障分析与检查：这个故障可能是数控系统 28V 供电电源的问题或 NC 系统的问题造成的。

① 为确定是否为 NC 系统的问题，做如下试验。因为 28V 直流电源除供给 NC 系统外，还为 PLC 的输入、输出和其他部分供电，为此首先切断了 PLC 的输入、输出所用的电源，这时启动 NC 系统，NC 系统可正常上电，不出现上述故障，证明 NC 系统无故障。

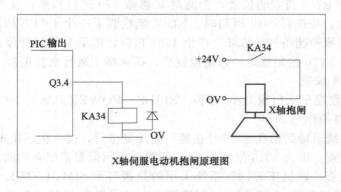

图 11-19　数控淬火机床开机后自动断电关机电气图

② 另一重要原因为电源问题，当 28V 直流电源电压幅值下降到一定数值时，NC 系统采取保护措施，自动切断系统电源。根据故障现象判断，可能由于负载漏电，使直流电源幅

值下降。在不通电时，测量负载电路并无短路或漏电现象。为此不得不根据电气图样，逐段断开负载的 24V 电源线，以确定故障点。当抬开 X、Z 轴 4 个限位开关共用的电源线时，系统启动后恢复正常。但检查这 4 个开关并没有发现对地短路或漏电现象。为进一步确认故障，将 4 个开关的电源线逐个接到电源上，当最后一根线 X 轴的正极限开关 S60 的电源线接上时，NC 系统就启动不了。

因为这几个开关直接连接到 PLC 的输入口上，所以首先怀疑可能是 PLC 的输入接口出现问题，用机外编程器将 PLC 程序中有关 S60 的输入，即 PLC 的输入点 16.0 全部改为备用输入点 17.0，并将 S60 接到 PLC 的输入 17.0 上。重新开机试验，但系统还是启动不了，这样 PLC 输入点的问题被排除了。

重新试验表明，当 X 轴的两个限位开关只要全接上电源，系统就启动不了，而接上任意一个系统都可以启动。据此分析认为可能与 X 轴伺服系统有关，因为两个限位开关都接上电源，并未被压上，这时伺服系统就应准备工作，但检查图样伺服系统与 28V 电源没有关系。进一步分析发现，因为 X、7 轴都是垂直轴，为防止断电下滑，都采用了带有抱闸的伺服电动机，而电磁抱闸是由 28V 电源供电的，当 X 轴伺服条件满足后，包括两个限位开关未被压上，PLC 输出 Q3.4 的状态变为 +1，输出高电平 24V，这时 KA34 的触点闭合，抱闸线圈接通 24V，抱闸动作松开。因此怀疑可能是抱闸线圈有问题导致这个故障。测量抱闸线圈，果然与地短路，如图 11-19 所示。

由于 NC 系统保护灵敏，伺服系统准备好后，抱闸通电，24V 接地，NC 系统马上断电，KA34 继电器触点及时断开，没有使断路器及熔断器动作。

故障处理：因伺服电动机与抱闸一体，更换新的 X 轴伺服电动机后，机床故障消除。

③ 由于干扰原因引起系统死机。数控系统有时因为意外的干扰使系统进入死循环，不能进行任何操作，这时必须强行启动系统，进入初始化菜单。进入初始化状态后一定要注意，如果数据没有丢失，不要对系统进行初始化，直接退出初始化状态，就可以使系统恢复正常运行。

故障 11　一台数控磨床 X、Y、Z 轴都不运动。

故障现象：这台机床开机回参考点的过程不执行，手动移动 X、Y、Z 轴也不动，除了"没有找到参考点"的故障显示外，没有其他报警。检查伺服使能条件也都满足，仔细观察屏幕发现，伺服轴的进给倍率设置为 0，但按进给倍率增大键，屏幕上的倍率数值不变化，一直为"0"。关机再开也无济于事。

故障处理：为了将这个类似死机的状态清除，强行启动系统，使系统进入初始化状态，但不进行初始化操作，直接退出初始化菜单。按进给倍率增大键，进给速率开始变大，直至将进给速率增加到 100%，这时各轴操作正常。

④ 机床参数设置不当引起系统死机。西门子 810 系统有时因为机床参数设置不当也会造成系统死机，下面是一个这方面的实例。

故障 12　一台数控外圆磨床执行加工程序时死机。

故障现象：这个故障是在设备调试时出现的问题。该台从英国进口的数控磨床在最终调试验收时，将系统通电，发现因为备用电池失效，机床数据和程序已丢失，外方技术人员将数据重新输入后，对机床进行调试，手动动作都已正常工作没有问题。当进行自动磨削时，程序执行一段后就死机，不能进行任何操作，重新开机后，系统还可以正常工作，当执行加工程序时又死机。

故障检查与处理：首先怀疑数控系统 CPU 主板有问题，但更换主板后，故障也没有消除。因为每次都是在执行加工程序时出故障，为此单步执行加工程序，监视程序的运行，这时发现每次执行子程序 L110 的 N220 语句时，系统就死机。N220 语句的内容为 G18D1，调用刀具补偿，而检查刀具补偿数据时发现都为＋0，没有输入数据。根据机床要求将刀具补偿 P1 赋值 10 后，机床加工正常运行，再也没有出现问题。

9. 系统屏幕没有显示的故障处理

在使用西门子系统的数控机床中，屏幕没有显示是比较常见的故障。引起故障的主要原因是备用电池无电，这种情况一般都是由于系统长期不用，再通电时发生。所以长期不用的数控设备要定期通电、定期检查和更换电池。检查和更换电池时要注意，一定要在通电的情况下进行。另外也有部分原因是个别系统工作不稳定或在开机时受干扰，系统模块损坏或者外围线路短路也是引起屏幕无显示的原因。图 11-20 所示是诊断和检修这类故障的流程图。

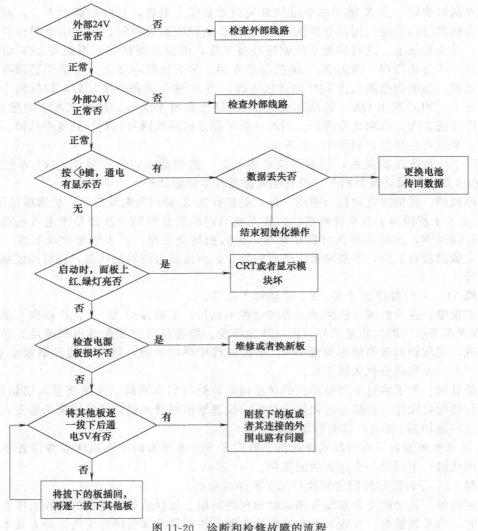

图 11-20　诊断和检修故障的流程

（八）　一些屏幕没有显示故障的处理实例

故障 1　一台数控机床开机启动后屏幕没有显示。

这台机床在假期之后重新启动时，系统启动不了，屏幕没有显示。检查备用电池（检查备用电池时要注意，一定要在系统供电的情况下检查，否则如果不是电池的问题，系统数据也会丢失），发现电压过低，系统数据可能已经丢失。强行启动后（强行启动就是在系统启动的同时按住系统面板上的"诊断"项键），系统进入初始化状态，这时检查机床数据，发现确实已经丢失，将数据重新输入后，机床恢复正常使用。

故障2　一台数控磨床开机屏幕没有显示。

这台磨床一次出现故障，系统启动不了，屏幕没有显示。检查系统备用电池没有发现问题，强行启动后，进入初始化画面，对数据进行检查，也没有发现问题，退出初始化画面后，系统恢复正常使用，这可能是由于其他问题使系统开机后进入死机状态造成的。

在上述的两种情况下，系统启动时，系统面板上的指示灯会闪耀，或报警指示灯亮。如果没有这种现象，最大的可能是为系统供电的28V直流电源出现问题。

故障3　一台数控车床开机后屏幕没有显示。

这台机床在正常加工中突然掉电，按系统启动按钮，系统启动不了，面板上的指示灯一个也不亮。观察系统的CPU板，其上的发光二极管在启动按钮按下时，闪一下就熄灭了。测量系统电源的5V直流电源，在启动按钮按下瞬间，电压上升，然后马上下降至零。因此首先怀疑系统电源模块有问题，但换上备用电源模块，故障依旧，说明电源模块没有问题，可能是其他模块使5V电源短路。

电源模块通电检测到短路后，为避免损坏电源，立即关闭电源。为此首先拔下图形控制模块和接口模块，但没有解决问题，于是拔下测量模块，通电后系统正常上电，说明问题出在测量模块上。为进一步确定故障，把测量模块的电缆插头拆下，之后重新将测量模块插回，再通电测试，系统正常上电，说明测量模块没问题。将电缆插头逐个插到测量模块上，当将X121插头插到测量模块，通电开机，这时系统又启动不起来了。问题肯定出在X121的连线上，根据系统接线图X121连接主轴脉冲编码器，对主轴编码器进行检查，发现其连接电缆破皮损坏，使电源线对地短路引起故障。对电缆进行防护处理，系统再通电启动，正常工作没有问题。

利用SIEMENS系统的PLC功能对系统故障进行进一步诊断，是数控系统诊断与维修的高级技术。由于涉及内容较多，在此不再叙述。

想一想

（1）故障的诊断原则包括什么内容？

（2）故障诊断的一般方法有哪些？

（3）有一台数控机床，当在面板上执行开启冷却液动作时发现没有冷却液喷出来。分析该问题可能是由哪些原因导致的，并针对这些原因做出相应的措施，详细叙述每一步骤。

做一做

1. 组织体系

每个班分为三个学习组，分别任命各组组长，负责对本组进行出勤、学习态度考核。

2. 实训地点

数控实训基地机床车间。

3. 实训步骤

（1）实验基地及工厂参观；

（2）认真学习各厂数控机床设备维护档案；

（3）熟悉各类数控机床的不同故障现象及分类；

（4）结合书本理论与数控机床的故障现象，学习处理数控机床故障的方式、方法；

（5）分门别类总结各种不同类型数控机床的故障处理方法；

（6）依据数控机床故障模拟试验台设置的故障，培养实际解决故障诊断、处理能力。

4. 采用引导文的方式

（1）讨论分析数控机床典型故障现象；

（2）分门别类总结各种不同类型数控机床的故障处理方法。

5. 采用头脑风暴法的方式

分析各类数控机床故障诊断方法的异同点。

6. 实训总结

在教师的指导下总结数控机床不同故障现象及分类，学会处理数控机床故障的方式、方法。

任务十二　数控机床综合实训

本任务是数控机床综合性的实训，通过完成数控机床机械结构拆装、数控系统参数备份与恢复和数控机床电气系统的认知三个子任务，学生将全面认识数控机床的机械结构，掌握数控机床的参数备份与恢复、电气设备的联调、安装与调试，以及工具、检具的使用等相关知识和技能。

子任务一　数控机床机械结构拆装

1. 组织体系

每个班分为三个组，分别任命各组组长，负责对本组进行出勤、学习态度考核。

2. 实训地点

数控实训基地机床车间。

3. 实训步骤

(1) 实验基地及工厂参观：

感受数控机床所处的环境；

辨识各类不同的数控机床的数控系统特点；

辨识数控车床上各类典型结构的组成及功用；

辨认各种不同类型的数控机床；

辨识各种不同机床加工的产品。

(2) 提出所需咨询内容：分组咨询、查询数控机床的常见类型。

(3) 采用引导文的方式：

讨论分析数控机床典型工作环境；

讨论分析并各类数控机床典型功能部件结构的功能特点；

动手拆装并分析数控机床的机械结构。

(4) 采用头脑风暴法的方式：分析各类数控机床的机械结构及产品的加工特点。

4. 实训总结

在教师的指导下，总结数控机床的各部分特点及加工零件的特征；掌握不同种类数控机床机械结构各部分功用及机械维护、故障排除方法。

子任务二　数控系统参数备份与恢复

1. 组织体系

每个班分为三个组，分别任命各组组长，负责对本组进行出勤、学习态度考核。

2. 实训地点

数控实训基地机床车间。

3. 实训步骤

(1) 案例法。通过实际操作数控系统的参数备份与恢复，讨论数控机床参数对机床运行的作用。

(2) 提出所需咨询内容。分组咨询、查询常用的 SIEMENS 810D、FANUC-0i、世纪之星数控机床的参数体系。

(3) 实训基地练习。熟悉各类数控系统参数调整菜单；查询不同类型数控系统使用手册，获取相关参数的意义与调整方法、生效方式；获取不同类型数控系统参数修改权限。

（4）采用头脑风暴法的方式（实训基地）。提出数控系统具体故障案例，分组讨论、分析；分组调整参数，解决相应的系统故障。

4. 实训总结

在教师的指导下，总结数控车床、数控铣床、数控加工中心各数控系统的特点、数控系统参数备份与恢复、参数调整步骤，学会数控机床各种参数的设置及故障诊断方法。

子任务三　数控机床电气系统的认知

1. 组织体系

每个班分为三个组，车床组、铣床组、加工中心组，分别任命各组组长，负责对本组进行出勤、学习态度考核。

2. 实训地点

本院数控实训基地机床车间。

3. 实训步骤

（1）现场演示机床电气系统的工作过程。

（2）现场演示通过机床操作面板控制机床电气设施的过程。

（3）通过现场演示监控 PLC 信号状态，了解机床电气元件的工作状态。

（4）学员现场操作机床电气设备。

（5）学员查看机床、电气设施、元件的状态并且与 PLC 的信号状态相对比。

（6）学员选取典型设备，根据典型设备的工作状态，以及状态的改变，描述 PLC 对电气设备的控制流程，叙述整个工作流程及回路。

（7）学员根据具体设备的工作过程撰写报告，描述数控机床中 PLC 对电气系统的控制流程。

（8）选取具体的机床设备，展示并讲解该机床的所有随机资料。

（9）讲解该机床电气手册的构成。

（10）选取机床的典型电气设备，阅读该设备的相关电路图。

（11）根据电路图，在机床电气控制柜以及相关控制设施中，查找电路图所描述的具体元件和线缆。

（12）学员根据电气手册和实物，就某一个设备的控制回路撰写一份报告。报告中应详细描述设备的控制回路在电气手册中的具体位置，以及该回路的走向。在报告中将电气手册的描述和实物的分布做详细的对比。

（13）就某一个回路设置若干故障，通过分析电路图和实物排除故障，故障排除完成以后撰写报告。

（14）采用头脑风暴法的方式，分析各类数控机床的结构及产品加工特点。

4. 数控铣床电气原理图

（1）FANUC 系统数控车床电气原理图，如图 12-1～图 12-17 所示。

（2）VMC 系列 SIEMENS 系统数控铣床电气原理图，如图 12-18～图 12-29 所示。

5. 实训总结

在教师的指导下总结数控车床、数控铣床、数控加工中心的典型电气设备的结构，会识别该设备的相关电路图及掌握故障判断方法。

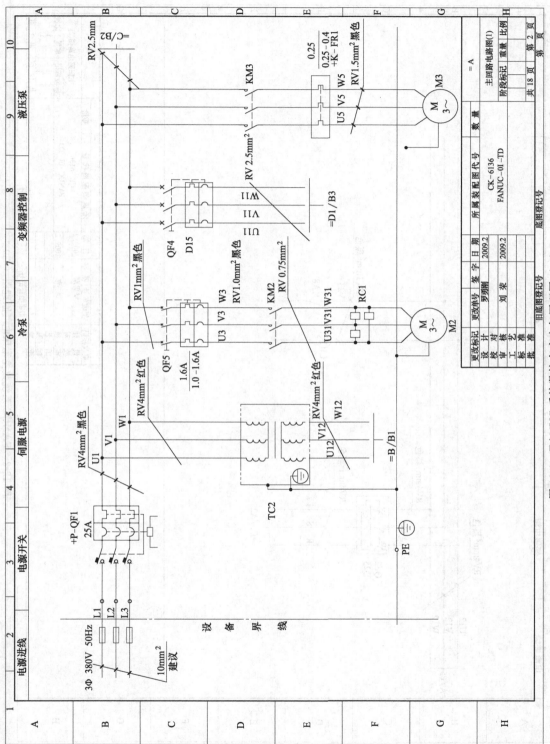

图 12-1 FANUC 系统数控车床电气原理图（一）

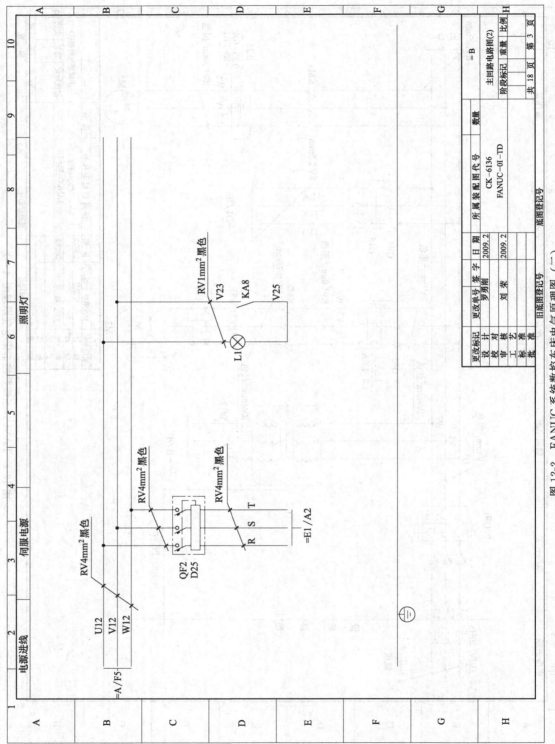

图 12-2 FANUC 系统数控车床电气原理图 (二)

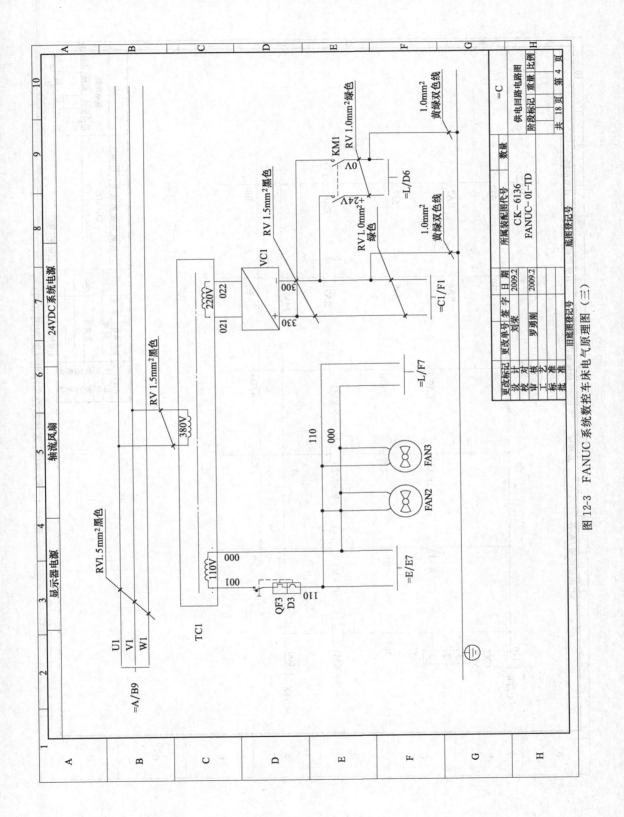

图 12-3　FANUC 系统数控车床电气原理图（三）

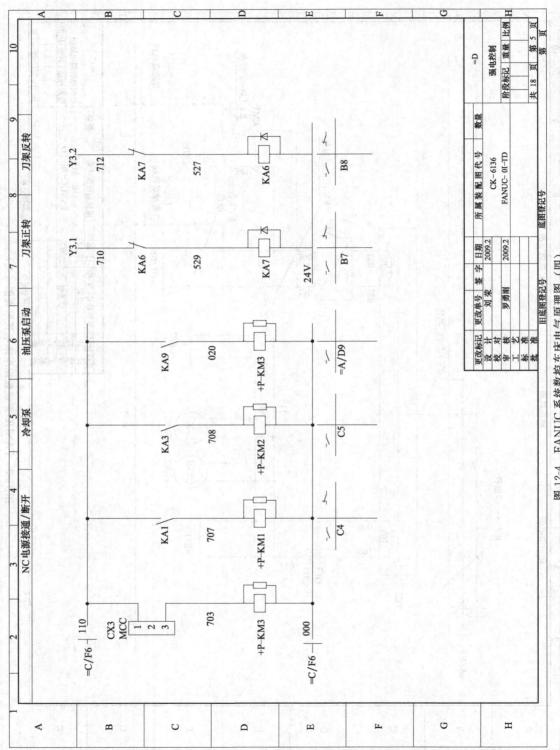

图 12-4　FANUC 系统数控车床电气原理图（四）

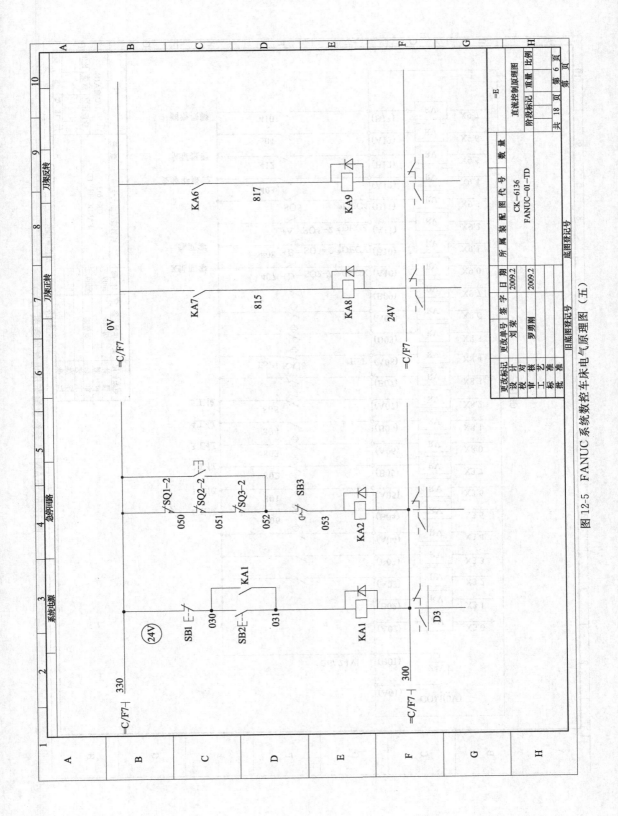

图 12-5 FANUC 系统数控车床电气原理图（五）

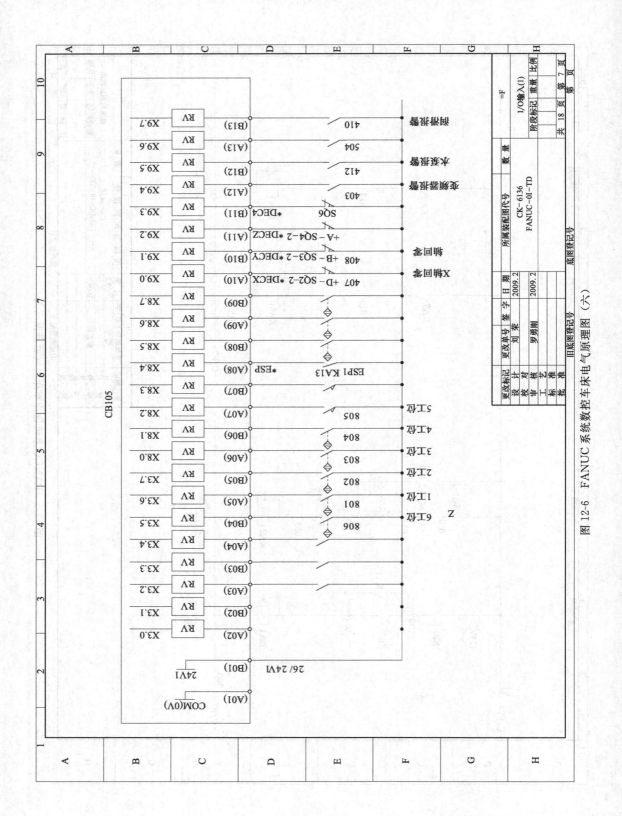

图 12-6 FANUC 系统数控车床电气原理图（六）

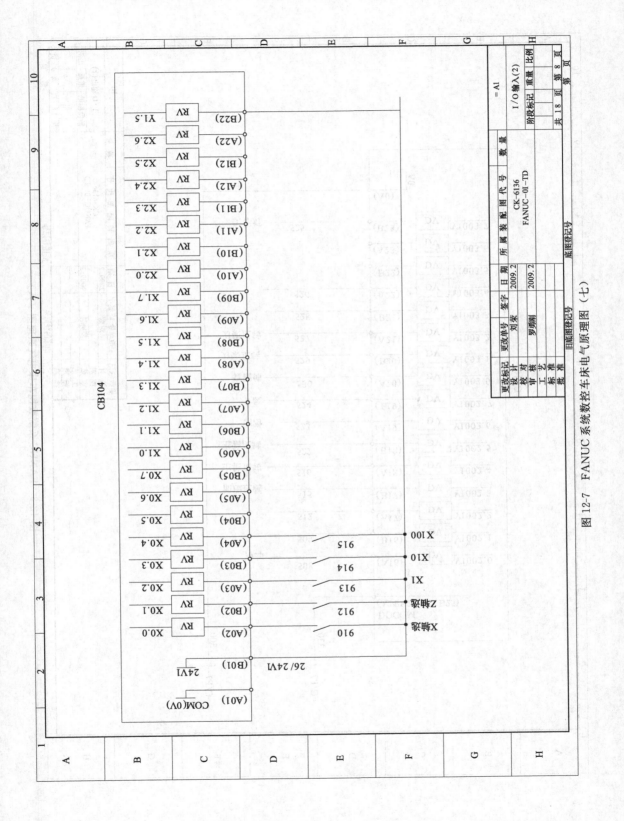

图 12-7 FANUC 系统数控车床电气原理图（七）

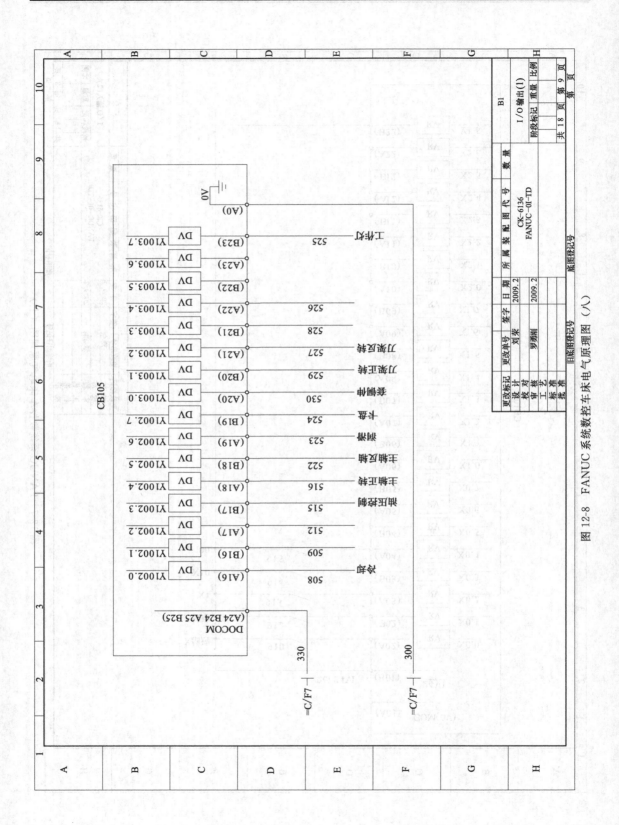

图 12-8　FANUC 系统数控车床电气原理图（八）

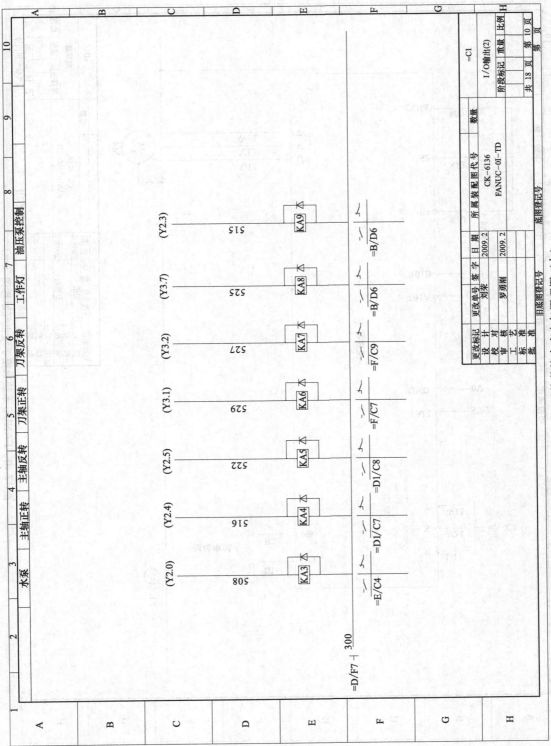

图 12-9 FANUC 系统数控车床电气原理图（九）

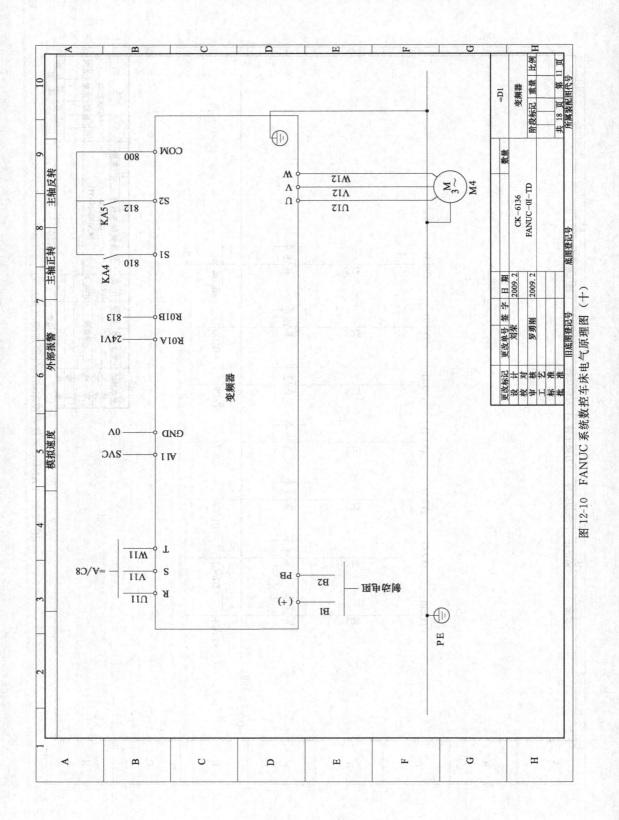

图 12-10　FANUC 系统数控车床电气原理图（十）

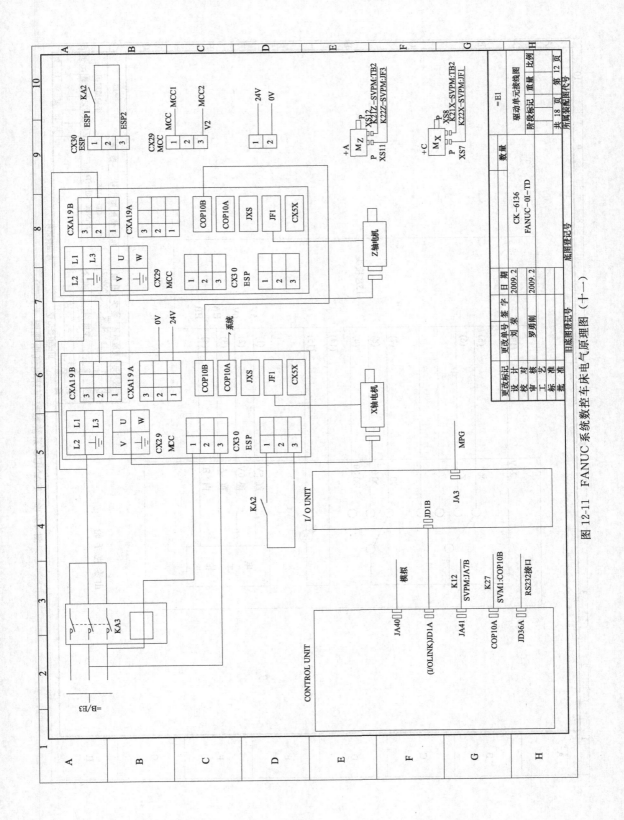

图 12-11 FANUC 系统数控车床电气原理图（十一）

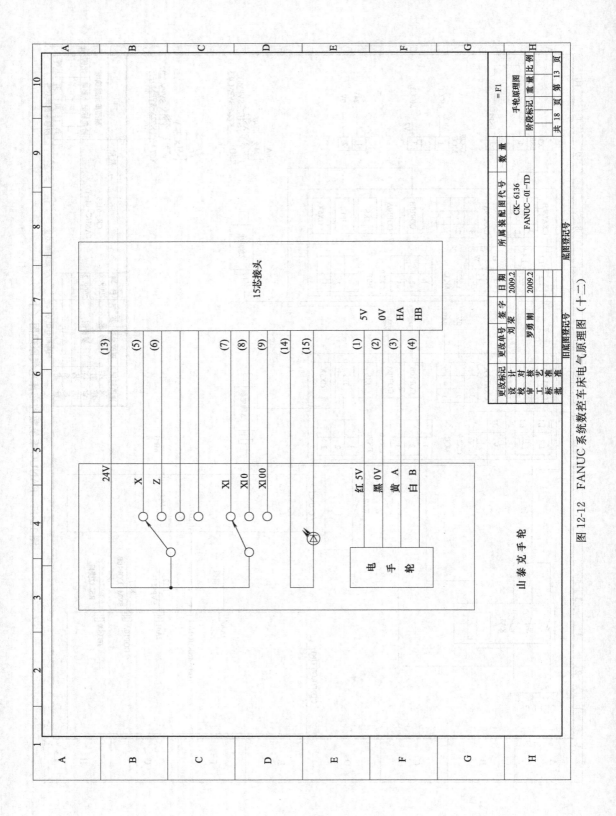

图 12-12 FANUC 系统数控车床电气床原理图（十二）

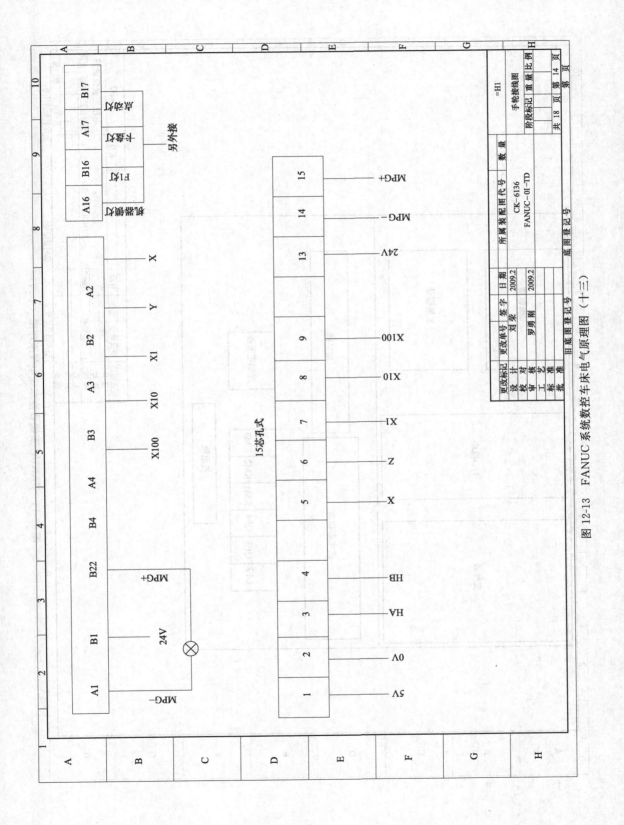

图 12-13 FANUC 系统数控车床电气原理图（十三）

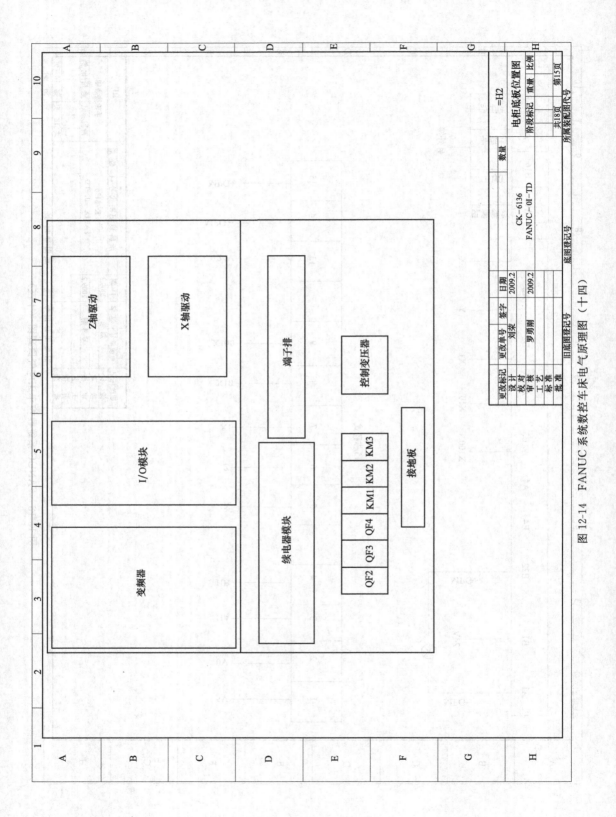

图 12-14　FANUC 系统数控车床电气原理图（十四）

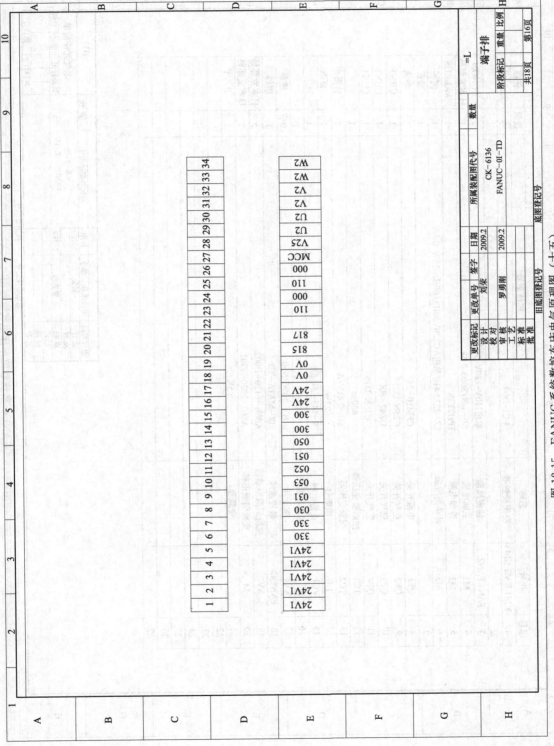

图 12-15 FANUC 系统数控车床电气原理图（十五）

序号	代号	名称	规格型号	数量	备注
1	KM1 KM2 KM3	交流接触器	LC1-D09	3	Schneider
2					
3	FAN1 FAN2	轴流风扇	单相110V-120V 50/60Hz 0.26A	2	SUNON
4	M1	主轴电机	SP-ai8/8000 7.5k	1	日本发那科
5	M2	冷却电泵	TPH2T3K	1	WALRUS
6	M3	自动润滑泵	TZ-2232 410 单相AC220V50Hz/60Hz 25W 0.8A	1	河谷
7				1	臻赏
8	QF1	电源开关	CFM10-25	1	华通
9	QF2	空气开关	C25N D25	2	CHNT
10	QF3	空气开关	DZ47-60C3	1	CHNT
11	QF4	空气开关	C15N D15	1	CHNT
12	TC1	控制器变压器	630va	1	易得丰
13	TC2	伺服变压器	SG-2 4kV-A	1	富杰
14	L1	照明灯	22W	1	
15	VC1	直流电源	S-145-24 6A	8	
16	XT1	继电器模块	14A-E	40节	维鼎
17	XT2	端子排	BN 10WPN50	1	明纬
18	FANUC	数控系统	0I-MATA-TD	1	
19	SV	交流伺服驱动器	A06B-6130-H002	2	日本发那科
20	M	交流伺服电机	A860-2020-7301	2	日本发那科
21		变频器	5.5K	1	INVT
22					
23					
24					
25					
26					
27					

更改标记	更改单号	签字	日期	所属装配图代号	数量	=B11	
设计		刘荣	2009.2	CK-6136		电气元件清单	重鼎　比例
校对				FANUC-01-TD			
审核		罗勇刚	2009.2			阶段标记	第17页
工艺							共18页
标准							
批准				旧底图登记号	底图登记号		

图12-16　FANUC系统数控车床电气原理图（十六）

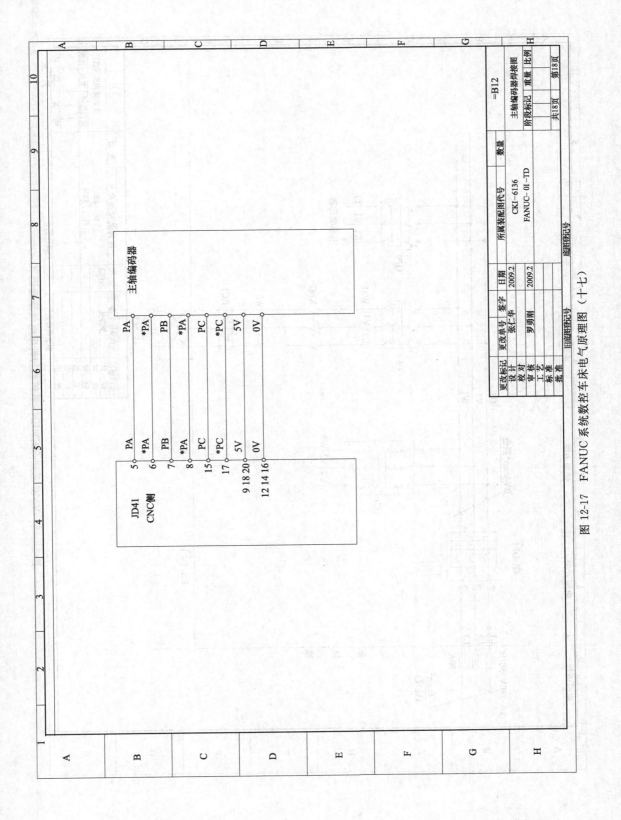

图 12-17　FANUC 系统数控车床电气原理图（十七）

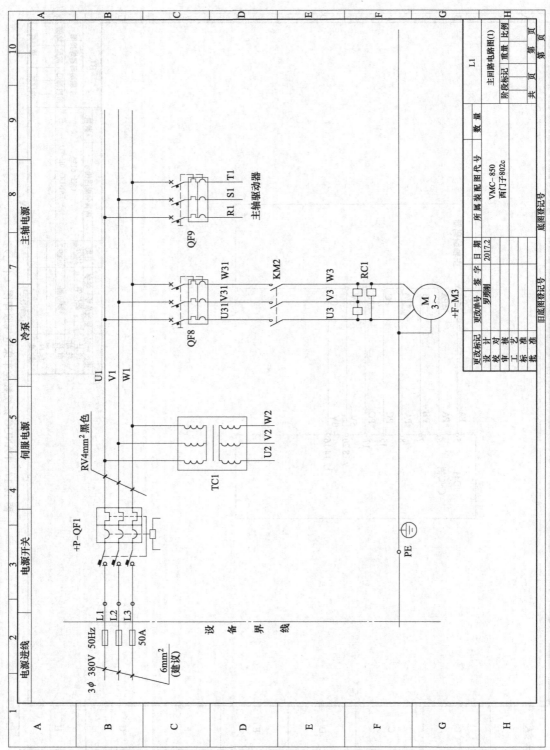

图 12-18　VMC 系列 SIEMENS 系统数控铣床电气原理图（一）

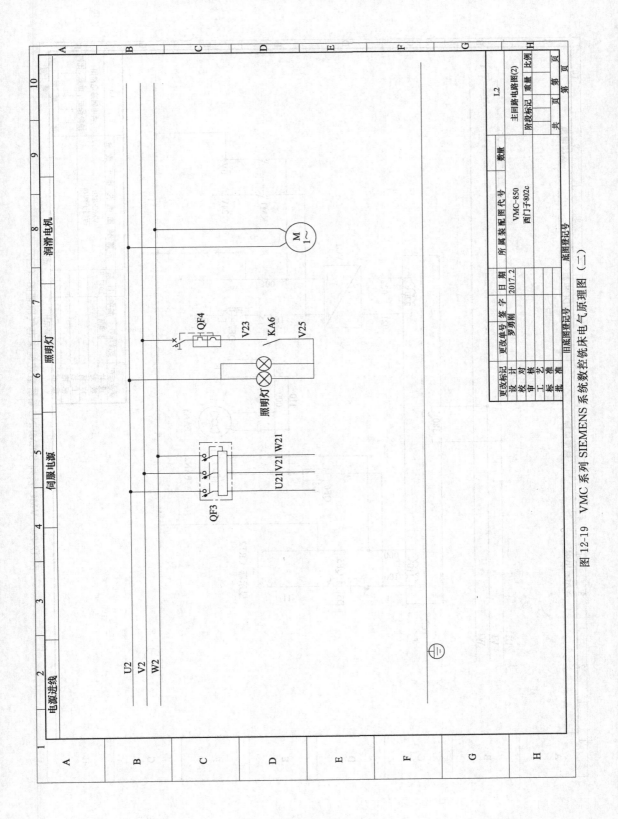

图 12-19　VMC 系列 SIEMENS 系统数控铣床电气原理图（二）

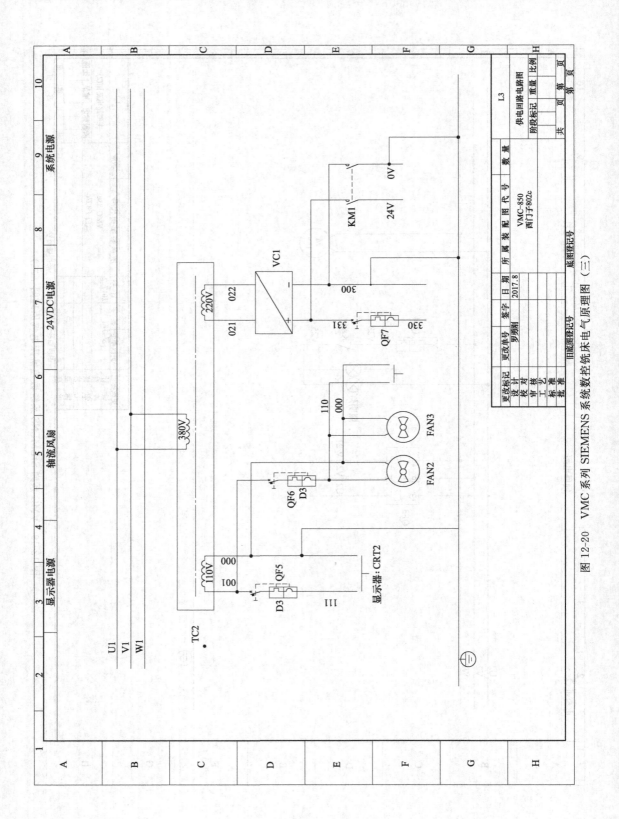

图 12-20　VMC 系列 SIEMENS 系统数控铣床电气原理图（三）

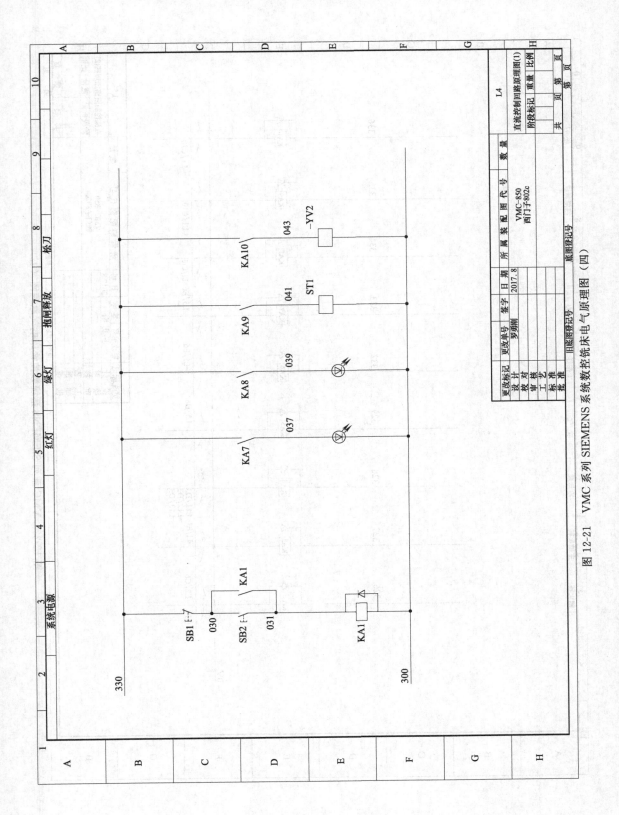

图 12-21　VMC 系列 SIEMENS 系统数控机床电气原理图（四）

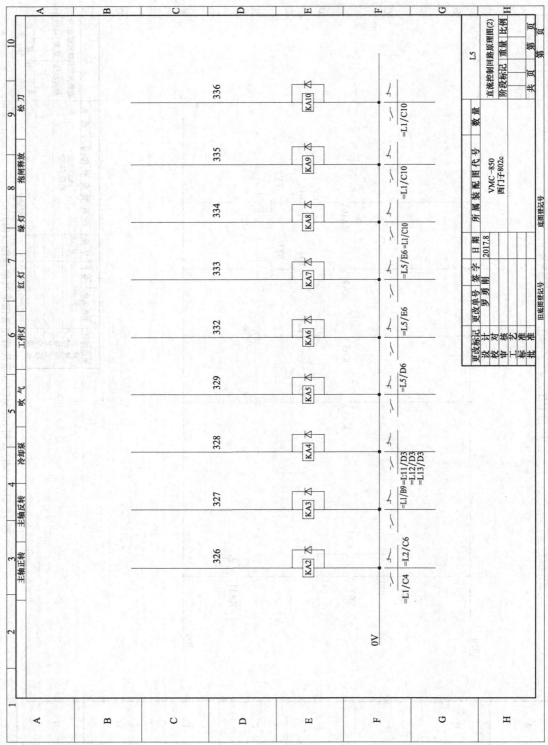

图 12-22　VMC 系列 SIEMENS 系统数控铣床电气原理图（五）

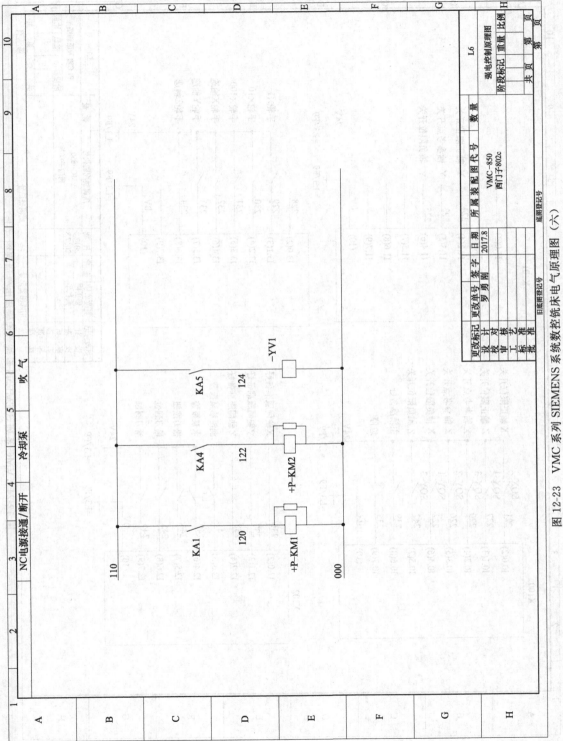

图 12-23　VMC 系列 SIEMENS 系统数控铣床电气原理图（六）

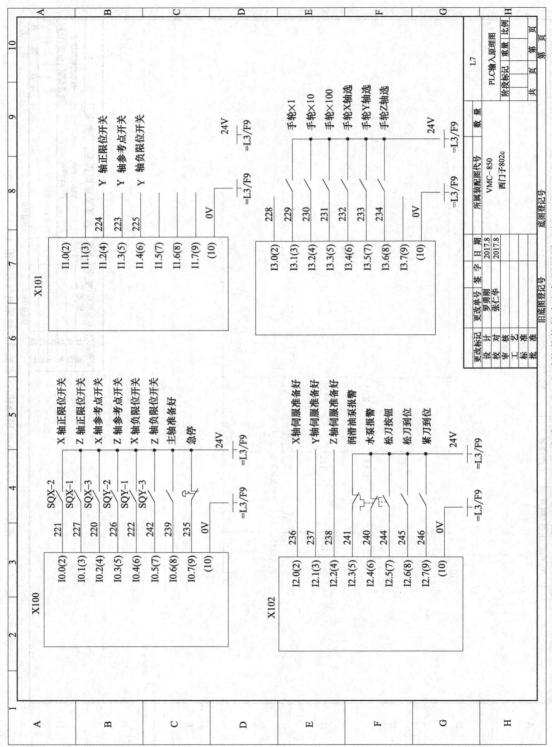

图 12-24　VMC 系列 SIEMENS 系统数控铣床电气原理图（七）

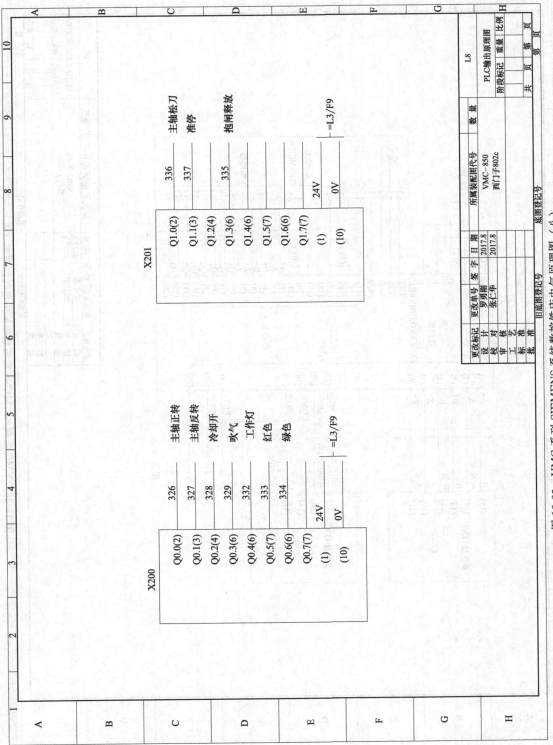

图 12-25 VMC 系列 SIEMENS 系统数控铣床电气原理图（八）

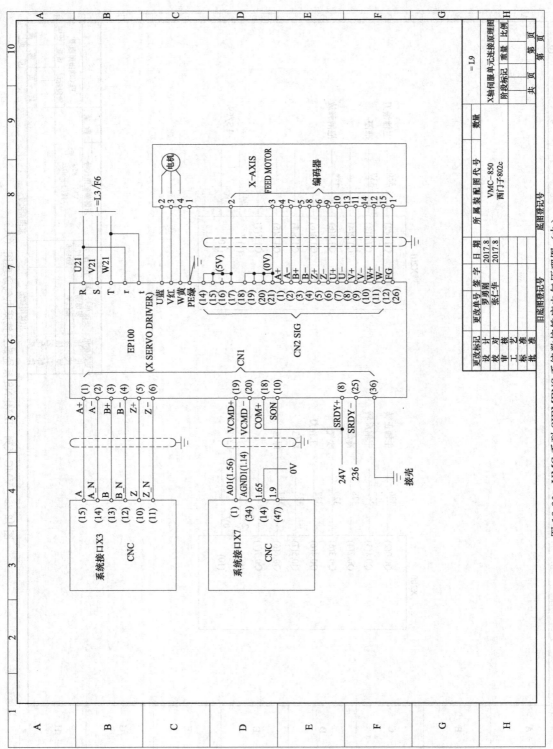

图 12-26　VMC 系列 SIEMENS 系统数控铣床电气原理图（九）

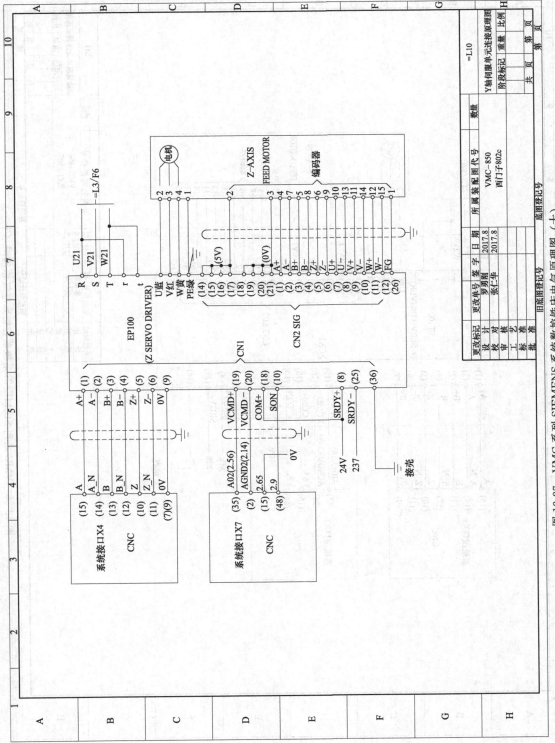

图 12-27 VMC 系列 SIEMENS 系统数控铣床电气原理图（十）

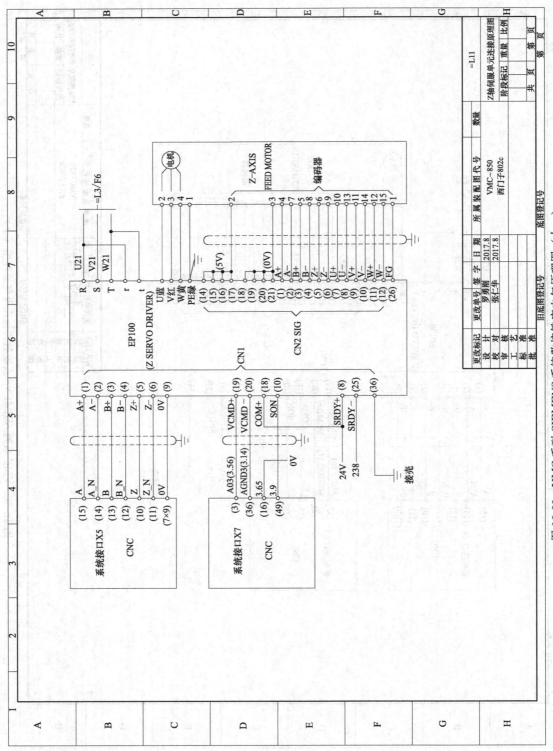

图 12-28　VMC 系列 SIEMENS 系统数控铣床电气原理图（十一）

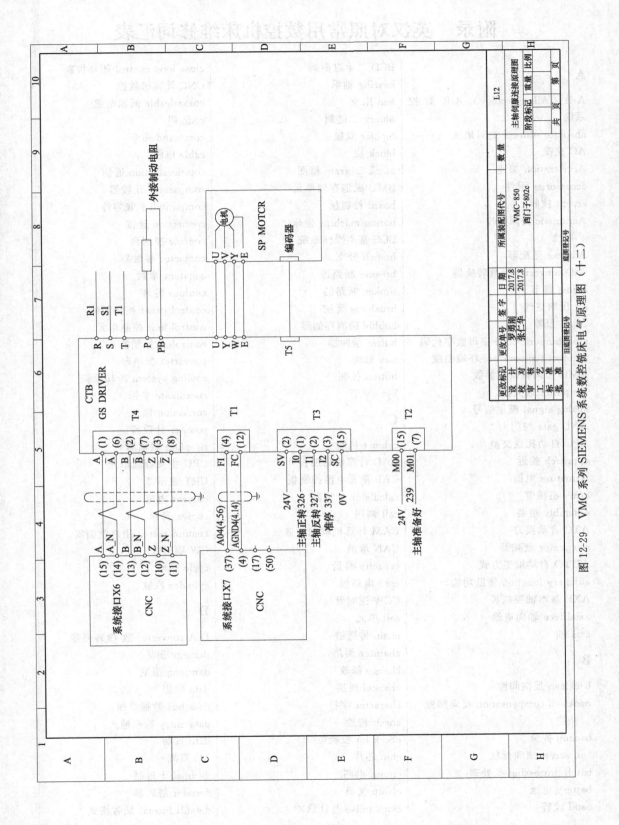

图 12-29　VMC 系列 SIEMENS 系统数控铣床电气原理图（十二）

附录　英汉对照常用数控机床维修词汇表

A

A-B （Allen-Brodley） A-B 数控系统

absolute address 绝对地址

AC 交流

Acceleration 加速

accessories 附件

accept 接收

Acramatic 美国数控系统

Adapter 适配器

A-D converte 模-数转换器

adjust 调节

air 压缩空气

ALM 报警

alphanumeric code 字母数字代码

ambient temperature 环境温度

AMD 可调整机床参数

Amplifier 放大器

analog signal 模拟信号

AND gate 与门

APC 自动托盘交换

approach 接近

Armature 电枢

army 机械臂

assembly 组装

ATC 自动换刀

attenuator 衰减器

AUTO 自动加工方式

auxiliary function 辅助功能

AXE 基本轴控制板

axial feed 轴向进给

axis 轴

B

backlash 反向间隙

backlash compensation 反向间隙补偿

backup 备份

ball screw 滚珠丝杠

batch processing 批处理

battery 电池

baud 波特

BCD 二十进制码

bearing 轴承

bed 床身

binary 二进制

bipolar 双极

block 块

block diagram 框图

BMU 磁泡存储单元

board 控制板

boring machine 镗床

BOS 基本操作系统

branch 分支

breaker 断路器

broken 断路的

brushless 无刷

bubble 磁泡存储器

buffer 缓冲器

bus 总线

button 按钮

byte 字节

C

cabinet 机箱

CAD 计算机辅助设计

CAF 单元电源控制板

calculator 计算器

call 调用

CAM 计算机辅助制造

CAN 取消

capacity 容量

card 电路板

CCW 逆时针

cell 单元

chain 传送链

chamfer 倒角

change 修改

channel 通道

character 字符

check 校验

check bit 校验位

chip 芯片

circuit 电路

clamp 夹具

clock pulse 时针脉冲

close loop control 闭环控制

CNC 计算机数控

coaxialcable 同轴电缆

code 码

command 命令

cable 电缆

communication 通信

comparator 比较器

compatibility 兼容性

connection 连接

console 控制台

contactor 接触器

constant 常数

contour 轮廓

control panel 控制面板

control unit 控制单元

controller 控制器

converter 变频器

cooling system 冷却系统

coordinate 坐标

correction 修正

counter 计数器

coupling 联轴器

CPU 中央处理单元

CRT 显示器

current 电流

cursor 光标

custom marco 用户宏编程

CW 顺时针

cycle 循环

cylinder 汽缸

D

D-A converter 数-模转换器

damage 损坏

damping 阻尼

data 数据

data bus 数据总线

data entry 数据输入

date 日期

DC 直流

decimal 十进制

decoder 解码器

default format 缺省格式

delay 延迟
detector 检测器
device 装置
dynamic error 动态误差
diagnosis 诊断
diagram 图表
diameter 直径
digital 数字
dimension 尺寸
diode 二极管
disk 盘
display 显示
DMT 轴驱动用直流伺服电动机
document 文件
drift 漂移
DV 输出 24V 电压信号
dwell 暂停
dynamic 动态

E

earth 接地
edit 编辑
electric cabinet 电气柜
element 元件
emergency button 急停按钮
enable 使能
encode 编码
entry 输入
environment 环境
EPROM 可擦式只读存储器
equipment 设备
erase 擦除
error 误差
expansion unit 扩展单元
external 外部

F

FAGOR 法格数控系统
fan 风扇
FANUC 法那科数控系统
fault 故障
feed hold 进给保持
feedrate override 进给速度倍率
fictitious 虚拟
FIDIA 菲达数控系统
file 文件
flag 标志
flash rom 闪存

flexibility 柔性
flip flop 触发器
flowchart 流程图
FMC 柔性制造单元
FMS 柔性制造系统
follow error 跟随误差
format 格式化
frequency 频率
function block 功能块
fuse 熔断器

G

gain 增益
gasket 密封圈
G-code G 代码
gear 齿轮
generator 发生器
GND 接地
graphic 图形的
grease 磨削
grinding machine 磨床
guarantee 保修期
guide 导向
guideways 导轨

H

handbook 手册
handwheel 手轮
hard disc 硬盘
hardware 硬件
hold 保持
horizontal 水平
hydraulic 液压

I

IC 集成电路
icon 图标
identifier 标识符
illegal 非法
inch 英寸
incremental coordinates 增量坐标
incremental dimension 增量尺寸
index 分度
inductor 感应器
information 信息
initialization 初始化
input 输入
insert 插入

installation 安装
instruction 说明
interface 接口
interference 干涉
interlock 联锁
interpolation 插补
inverter 变频器
ISO 国际标准化组织

J

jog 手动
jumper 跨接线

K

keyboard 键盘
key switch 钥匙开关

L

ladder diagram 梯形图
lathe 车床
lead screw 丝杠
LED 发光二极管
level 液位
limit 限位
linear 线性
linear interpolation 直线插补
load 加载
logic 逻辑
loop 环
LSI 大规模集成电路
lubrication 润滑

M

machine data 机床数据
machine center 加工中心
macro 宏编程
main program 主程序
maintenance 维护
manual 手动
milling machine 铣床
MITSUBISHI 日本三菱数控系统
mode 模式
MDI 手动数据输入
measure 测量
memory 存储器
menu 菜单
MICC 电机控制中心
microprocessor 微处理器

module 模块
monitor 监视器
motor 电动机

N

NC 数控
NC milling machine 数控铣床
negative feedback 负反馈
nest 嵌套
noise 噪声
normally closed contract 常闭触点
normally open contract 常开触点
NOT gate 非门
NUM 法国 NUM 数控系统

O

offline 离线
offset 补偿
online 在线
open loop system 开环系统
operation 操作
option 选项
order 命令
OR gate 或门
orient 定向
origin 原点
output 输出
overflow 溢出
overheat 过热
overload 过载
override 倍率
overshoot 超调
overspeed 超速
overtravel 超行程
overtemperature 超温

P

package 软件包
panel 面板
parameter 参数
parameter setting 参数设定
parity bit 奇偶位
part 工件
password 密码
path 刀路
plane 平面
PCB 印制电路板

period 周期
PLC 可编程序控制器
PMC 可编程序机床控制器
push button 按钮
position 定位
position accuracy 定位精度
position error 位置误差
position feedback 位置反馈
precision 精度
preset 预调
process 过程
processor 处理器
program 程序
programmer 编程器
protection 保护
proximity switch 接近开关
pulse 脉冲
PWM 脉宽调制器

Q

QF 熔断器
quadrant 象限
quantity 数量
quotation 报价

R

radius 半径
radius compensation 半径补偿
RAM 随机存储器
range 范围
rapid feed 快速进给
ratio 比率
reader 阅读器
rectangular 矩形
rectifier 整流器
reference point 参考点
refresh 刷新
register 寄存器
regulator 调节器
reliability 可靠性
relationship 关系
relay 继电器
remote control 遥控
repeatability 重复精度
reset 复位
resistance 电阻
resolution 分辨率
response 响应

restart 重新启动
ring 密封圈
rod 杆
ROM 只读存储器
runtime 运行时间
rotary 旋转的
rotation 旋转
RV 接收 24V 电压信号

S

safety gate 安全门
sampling period 取样周期
save 存储
scan 扫描
screen 屏幕
search 搜索
selector 选择开关
self-repair 自修复
sensitivity 灵敏度
sensor 传感器
sequence 顺序
serial interface 串行接口
servo 伺服
servo control 伺服控制
servomotor 伺服电动机
set 设定
shaft 轴
shield 屏蔽
status 状态
storage 存储器
stroke 行程
structure 结构
short circuit 短路
SIEMENS 德国西门子数控系统
signal contactor 信号接触器
simulation 模拟
single block 单步
softkey 软键
soft 开放式数控系统
software 软件
solenoid valve 电磁阀
solution 解决
spare parts 备件
specification 规格
spindle 主轴
spring 弹簧
stack 堆栈
start-up 启动

static 静态
station 工位
sub-program 子程序
supply power 电源
SRV 主轴反转命令

T

table 工作台
tape 磁带
tele-diagnostic 远程诊断
terminal 端子
T-function 刀具功能
thermistor 热敏电阻
thread 螺纹
timer 定时器
tolerance 允差
tool life 刀具寿命
tool magazine 刀具库
tool nose radius compensation 刀尖
　半径补偿
tool radius compensation 刀具半径
　补偿
torque 力矩

transformer 变压器
trigger 触发器
trip 跳闸

U

UMS 用户存储子模块
unit 单位
unload 卸载
user macro 用户宏程序
user program 用户程序

V

value 值
valve 阀
variable 变量
velocity 速度
vertical 垂直
vertical machining center 立式加工
　中心
vibration 振动
video 视频输入信号
virtual axis 虚拟轴
voltage 电压

W

warm restart 热启动
warn 警告
watchdog 电脑监察口
wear 磨损
winding 绕组
word address 字地址
workplace 车间

X

X-axis X 轴

Y

Y-axis Y 轴
yield 产生

Z

Z-axis Z 轴
Zero drift 零点漂移
Zero offset 零点补偿
Zero point 参考点
Zone 范围

参考文献

[1] 毕承恩，丁乃建. 现代数控机床. 北京：机械工业出版社，1991.

[2] 刘希金. 机床数控系统故障检测及维修. 北京：兵器工业出版社，1995.

[3] 孙汉卿. 数控机床维修技术. 北京：机械工业出版社，2005.

[4] 王侃夫. 数控机床故障诊断及维护. 北京：机械工业出版社，2000.

[5] 张魁林. 数控机床故障诊断. 2版. 北京：机械工业出版社，2015.

[6] 王侃夫. 数控机床控制技术与系统. 2版. 北京：机械工业出版社，2017.

[7] 任建平. 现代数控机床故障诊断及维修. 2版. 北京：国防工业出版社，2005.

[8] 沈兵. 数控机床数控系统维修技术与实例. 3版. 北京：机械工业出版社，2016.

[9] 武友德. 数控设备故障诊断与维修技术. 北京：化学工业出版社，2003.

[10] 余仲裕. 数控机床维修. 北京：机械工业出版社，2011.